特大型镍矿充填法开采技术著作丛书

特大型镍矿数字化矿山建设与进展

包国忠　乔富贵　何煦春　王永才　李德贤　著

U0302148

科学出版社

北　京

内 容 简 介

本书是《特大型镍矿充填法开采技术著作丛书》的第八册,主要介绍了金川特大型镍矿数字化矿山建设及研究进展。

本书全面介绍了金川镍矿在数字化矿山建设方面所取得的成果及安全生产管理与风险控制方面的理论研究与工程实践成果。首先介绍了金川矿山信息化概况;然后介绍了金川矿区数字化矿山建设的框架结构;在此基础上,分别介绍了三维可视化系统、智能化控制系统、网络通信系统及监测与监控系统等;最后介绍了金川矿区数字化矿山发展展望。

本书可供采矿、地质、水电和土木工程等领域从事采矿设计、生产实践及科学研究的科研人员使用,也可供从事采矿教学的大专院校和科研院所的教师和研究生参考。

图书在版编目(CIP)数据

特大型镍矿数字化矿山建设与进展/包国忠等著 . —北京:科学出版社,2014.12

(特大型镍矿充填法开采技术著作丛书)

ISBN 978-7-03-043444-9

Ⅰ.①特… Ⅱ.①包… Ⅲ.①超大型矿床-镍矿床-金属矿开采-数字化 Ⅳ.①TD864

中国版本图书馆 CIP 数据核字(2014)第 036028 号

责任编辑:周 炜/ 责任校对:郭瑞芝
责任印制:张 倩/ 封面设计:陈 敬

科 学 出 版 社 出版
北京东黄城根北街 16 号
邮政编码:100717
http://www.sciencep.com
新科印刷有限公司 印刷
科学出版社发行 各地新华书店经销

*

2014 年 12 月第 一 版 开本:787×1092 1/16
2014 年 12 月第一次印刷 印张:10 1/4
字数:212 000

定价:68.00 元
(如有印装质量问题,我社负责调换)

《特大型镍矿充填法开采技术著作丛书》编委会

主　　　编：杨志强

副　主　编：王永前　蔡美峰　姚维信　周爱民　吴爱祥　陈得信

常务副主编：高　谦

编　　　委：（按姓氏汉语拼音排序）

把多恒	白拴存	包国忠	曹平	陈永强	陈忠平	陈仲杰
崔继强	邓代强	董璐	范佩骏	傅耀	高创州	高建科
高学栋	辜大志	顾金钟	郭慧高	何煦春	吉险峰	江文武
靳学奇	康红普	雷扬	李马	李德贤	李国政	李宏业
李向东	李彦龙	李志敏	廖椿庭	刘剑	刘同有	刘育明
刘增辉	刘洲基	马龙	马成文	马凤山	孟宪华	莫亚斌
慕青松	穆玉生	乔登攀	乔富贵	侍爱国	束国才	孙亚宁
汪建斌	王虎	王朔	王海宁	王红列	王怀勇	王五松
王贤来	王小平	王新民	王永才	王永定	王玉山	王正辉
王正祥	吴满路	武拴军	肖卫国	颉国星	辛西宁	胥耀林
徐国元	许瀛沛	薛立新	薛忠杰	颜立新	杨长祥	杨金维
杨有林	姚中亮	于长春	余伟健	岳斌	翟淑花	张忠
张光存	张海军	张建勇	张钦礼	张周平	赵崇武	赵千里
赵兴福	赵迎州	周桥	邹龙	左钰		

《特大型镍矿充填法开采技术著作丛书》序一

金川镍矿是一座在世界上都享有盛誉的特大型硫化铜镍矿床。自 1958 年被发现以来,金川资源开发和利用一直受到国内外采矿界的高度关注。由于镍钴金属是一种战略资源,对有色工业和国防工程起到举足轻重的作用。因此,加快和扩大金川镍钴矿资源的开发和利用,是金川镍矿设计与生产的战略指导思想。

采矿作业的连续化、自动化和集中化是地下金属矿采矿技术无可争议的发展方向。自 20 世纪 80 年代以来,国际矿业界对实现连续强化开采给予高度关注,把它视为扩大矿山生产、提高经济效益最直接和最有效的重要途径。随着高效的采、装、运设备的出现和大量落矿采矿技术的发展,井下生产正朝着大型化和连续化方向发展。金川特大型镍矿的无间柱大面积连续机械化分层充填采矿技术,正是适应了地下金属矿山开采的发展趋势。该技术的应用使得金川镍矿采矿生产能力逐年提高,目前已建成年产 800 万吨的大型坑采矿山。

金川镍矿所固有的矿体厚大、埋藏深、地压大、矿岩破碎和围岩稳定性差等不利因素,使金川镍矿连续开采面临巨大挑战。在探索适合金川镍矿采矿技术条件的采矿方法和回采工艺的过程中,大胆引进国际上最先进的采矿设备,在国内首次应用下向机械化分层胶结充填采矿技术,成功地实现了深埋、厚大矿体的大面积连续开采,为深部矿体的连续安全高效开采奠定了基础。

金川镍矿大面积连续开采获得成功,受益于与国内外高等院校和科研院所合作开展的技术攻关,也依赖于金川人的大胆创新、勇于实践、辛勤劳动和无私奉献。40 多年的科学研究和生产实践,揭示了金川特大型镍矿高地应力难采矿床的地压规律,探索出采场地压控制技术,逐步形成了特大型金属矿床无间柱大面积连续下向分层充填法开采的理论和技术。

该丛书全面系统地总结了金川镍矿采矿生产的实践经验和技术攻关成果。该丛书的出版为特大型复杂难采矿床的安全高效开采提供了技术和经验,极大地丰富了特大型金属矿床下向分层胶结充填法的开采理论与实践,是我国采矿科技工作者对世界采矿科学发展做出的重要贡献,也是目前国内外并不多见的一套完整的充填法开采技术丛书。

中国科学院地质与地球物理研究所研究员
中国工程院院士
2012 年 6 月

《特大型镍矿充填法开采技术著作丛书》序二

金川镍矿是我国最大的硫化铜镍矿床。矿体埋藏较深、地应力高、矿体厚大、矿岩松软破碎具有蠕变性，很不稳固，且贫矿包裹富矿，给工程设计和采矿生产带来极大困难。

针对金川镍矿复杂的开采技术条件及国家对镍的迫切需求，在二矿区采取"采富保贫"方针。20世纪80年代中期，利用改革开放的有利条件，金川镍矿委托北京有色冶金设计研究总院与瑞典波立登公司和吕律欧大学等单位合作，进行了扩大矿山生产规模的联合设计。在综合引进瑞典矿山7项先进技术的基础上，结合金川的具体条件，在厚大矿体中全面采用了机械化进路式下向充填采矿法，并且在进路式采矿中选用了双机液压凿岩台车和6m³铲运机等大型无轨设备，这在世界上没有先例。这种开发战略为金川镍矿资源的高效开发奠定了坚实基础。

在随后的建设和生产过程中，有当时方毅副总理亲自主持的金川资源综合利用基地建设的指引，金川公司历届领导都非常重视科技攻关工作，长期与国内高校和科研院所合作，开展了一系列完善采矿技术的攻关。先后通过长时期试验，确定了巷道开凿的"先柔后刚"支护系统，并利用喷锚网索相结合的新工艺，使不良岩层中巷道经常垮塌的现象得以控制。开发出棒磨砂高浓度胶结充填技术，改进了频繁施工的充填挡墙技术，提高了充填体强度和充填质量。试验成功的全尾砂膏体充填工艺，进一步降低了充填作业成本。优化了下向充填法通风系统，改善了作业条件。为了有效地控制采场地压，通过采矿系统分析和参数优化，调整了回采顺序，改进了分层道与上下分层进路布置形式，实现了多中段大面积连续开采，并实现了大面积水平矿柱的安全回收。这些科研成果不仅提高了采矿效率和资源回收率，而且还降低了矿石贫化，获得巨大的经济效益和社会效益；同时也极大地提高了企业的竞争力。金川镍矿通过数十年的艰辛努力，将原本属于辅助性的采矿方法发展成为一种适合大规模开采的采矿方法，二矿区年生产能力突破了400万吨；把原本是低效率的采矿方法改造成为高效率的安全的采矿方法，为高应力区矿岩不稳固的金属矿床开采提供了丰富的技术理论和实践经验。对采矿工艺技术的发展做出了可贵的贡献。

该丛书全面论述了金川特大型镍矿在设计和采矿生产中所取得的技术成果和工程经验。内容涉及工程地质、采矿设计、地压控制、充填工艺、矿井通风和安全管理等多专业门类，是目前国内外并不多见的充填法，特别是下向充填法采矿技术丛书。该丛书中的很多成果出自于产、学、研结合创新与矿山在长期生产实践中的宝贵经验总结，凝结了矿山工程技术人员的聪明智慧，具有非常鲜明的实用性。该丛书的出版不仅方便读者及相关工程技术人员了解金川镍矿充填法开采的理论与实践，也为国内外特大型金属矿床，特别是为高应力区矿岩不稳固矿床的充填法开采设计和规模化生产提供了难得的珍贵技术参考文献。

中国恩菲工程技术有限公司研究员
中国工程院院士
2012年7月

《特大型镍矿充填法开采技术著作丛书》序三

近 20 年来,地下采矿装备正朝着大型化、无轨化、液压化和智能化方向发展,它推动着采矿工艺技术逐步走向连续化和智能化。在采掘机械化、自动化基础上发展起来的地下矿连续开采技术,推动着地下金属矿山的作业机械化、工艺连续化、生产集中化和管理科学化的进程,大大促进了矿山生产现代化,并从根本上解决了两步回采留下的大量矿柱所带来的资源损失,它是地下金属矿山采矿工艺技术的一项重大变革,它代表着采矿工艺技术的变革方向,是采矿技术发展的必然。

金川镍矿是我国最大的硫化铜镍矿床,矿床埋藏深、地应力高、矿岩稳定性差。针对这一采矿技术条件,金川镍矿与国内外科研院所和高等院校合作,采用大型无轨设备的下向分层胶结充填采矿方法,开展了一系列采矿技术攻关。通过"强采、强出、强充"的强化开采工艺,使采场围岩暴露时间缩短,有利于采场地压控制和安全管理,实现了安全高效的多中段无间柱大面积连续回采。在采矿方法与回采工艺、充填系统与充填工艺、采场地压优化控制及采矿生产管理等关键技术方面,取得了一系列重大成果,揭示了大面积连续开采采场地压规律,探索出有利于控制地压的回采顺序与采矿工艺。在科研实践中,对采矿生产系统、破碎运输系统、提升系统、膏体充填系统,进行了优化与技术改造,扩大了矿山产能,降低了损失与贫化,提高了矿山经济效益,为金川集团公司的高速发展提供了重大技术支撑。

该丛书全面系统地介绍了金川镍矿在采矿技术攻关和生产实践中所获得的研究成果和实践经验,是一套理论性强、实践性鲜明的充填采矿技术丛书。该丛书体现了金川工程技术人员的聪明才智,展现了我国采矿界的研究成果和工程经验,是国内外不可多得的一套完整的特大型矿床充填法开采技术丛书。

中南大学教授
中国工程院院士
2012 年 8 月

《特大型镍矿充填法开采技术著作丛书》编者的话

金川镍矿是我国最大的硫化铜镍矿床,已探明矿石储量 5.2 亿吨,含有镍、铜等 23 种有价稀贵金属。矿区经历了多次地质构造运动,断裂构造纵横交错,节理裂隙十分发育。矿区地应力高,矿体埋藏深、规模大、品位高,是目前国内外罕见的高地应力特大型难采金属矿床。不利的采矿技术条件使采矿工程面临严峻挑战。剧烈的采场地压活动,导致巷道掘支困难;大面积开采潜在着采场整体灾变失稳风险,尤其在水平矿柱和垂直矿柱的回采过程中面临极大困难。巷道剧烈变形,竖井开裂和垮冒,使"两柱"开采存在重大安全隐患,采场地压与岩移得不到有效控制,不仅造成两柱富矿永久丢失,而且将破坏上盘保留的贫矿,使其无法开采,造成更大的矿产资源损失。

众所周知,高地应力、深埋、厚大不稳固矿床的安全高效开采,关键在于采场地压控制。金川镍矿的工程技术人员以揭示矿床采矿技术条件为基础,以安全开采为前提,以控制采场地压为策略,以提高资源回收和降低贫化为目标,综合运用了理论分析、室内实验、数值模拟和现场监测等综合技术手段,研究解决了高应力特大型金属矿床安全高效开采中的关键技术。

本丛书揭示了高地应力复杂构造地应力的分布规律,探索出工程围岩特性随时空变化的工程地质分区分级方法,实现了对高应力采场围岩分区研究和定量评价;探索出与采矿条件相适应的大断面六角形双穿脉循环下向分层胶结充填回采工艺,实现了安全高效机械化盘区开采;采用系统分析方法进行了采矿生产系统分析,实现了对采场地压的优化控制;建立了矿区变形监测与灾变预测预报系统;完善了高浓度尾砂浆充填理论,解决了深井高浓度大流量管道输送的技术难题,形成了高地应力特大型金属矿床连续开采的理论体系与支撑技术,成功地实践了 10 万平方米的大面积连续开采。矿山以每年 10% 的产能递增,矿石回采率≥95%,贫化率≤4.2%;建成了我国年产 800 万吨的下向分层胶结充填法矿山,丰富了特大型金属矿床安全高效开采理论与技术。

本丛书是金川镍矿几十年来采矿技术攻关和采矿生产实践的系统总结。内容涉及矿山工程地质、采矿设计、充填工艺、地压控制、巷道支护、矿井通风、生产管理、数字化矿山、产能提升和深井开采等 10 个方面。本丛书不仅全面反映了国内外科研院所和高等院校在金川镍矿的科研成果,而且更详细地总结了金川矿山工程技术人员的采矿实践经验,是一套内容丰富和实践性强的特大型复杂难采矿床下向分层充填法开采技术丛书。

《特大型镍矿充填法开采技术著作丛书》编委会

2012 年 9 月于甘肃金昌

前　言

金川集团股份有限公司是集地质、采矿、选矿、冶炼、化工、材料和科研为一体的国家大型企业,是中国最大的有色金属冶炼企业之一,其下属矿山的生产装备均采用国内外先进的大型采选及提升运输设备,代表了国内矿山采矿业先进技术水平。

近年来,金川集团股份有限公司信息化建设在矿山勘察、规划、设计、生产、管理、全过程监控等领域有了较大发展。信息化技术已渗透到矿山作业的每一个环节,大大地提高了矿山采矿生产效率,不仅降低了采矿成本,而且全面改善了采场作业条件,从而提高了采矿作业安全性和舒适度,为金川企业发展注入了新的发展动力。

数字化矿山是国内外采矿界研究与建设的热点,也是未来采矿发展的必然选择。根据金川矿山工程特点及现代化采矿技术要求,金川矿区开展了数字化矿山建设的理论研究和工程建设。尤其近年来结合矿山"六大系统"的建设,研究和丰富了矿山的安全与环境的监测系统,由此大大提高了金川矿山数字化建设步伐。

本书全面概括了金川矿山数字化建设的理论研究与工程建设成就,是对金川矿山多年来研究成果的总结。本书主要分四部分内容。第1、2章分别介绍了数字化矿山及金川矿区信息化概况;第3～6章分别对金川矿区数字化矿山建设框架体系、三维可视化系统、智能化控制系统、网络通信系统及监测与监控系统进行了详细的阐述;第7～13章重点介绍了金川二矿区数字化矿山的建设和发展;第14章对金川矿区数字化矿山的发展进行了展望。

矿山数字化建设是一项长期研究与发展的工作。自建矿以来,金川矿山虽然投入巨额资金开展了数字化建设的理论研究和工程建设,但是由于复杂的矿床地质条件,矿山数字化研究与发展存在诸多技术难题,导致矿山数字化建设面临诸多问题。金川数字化矿山研究成果及在建设中的经验与教训,可为矿山数字化建设提供参考。

限于作者水平,书中难免存在疏漏和不妥之处,敬请读者批评指正。

作　者

2014 年 6 月于甘肃金昌

目　　录

第1章 绪 论

1.1 概 述

金川集团公司作为我国重要的有色金属生产基地,矿产资源丰富,但矿体厚大、矿岩破碎不稳固、矿体埋藏深、地应力高,由此给矿产资源开发带来严重困难。随着二矿区二期工程的建设,采矿深度增加,开采深度接近千米,开采面积达到 10 万平方米。因此,金川矿产资源的安全、高效开发和综合利用,不仅关系到金川集团公司的发展,而且必将影响我国有色金属在国际上的竞争力。

随着信息时代的到来,数字化矿山的构建已经成为实现矿山企业安全、高效、绿色开采的有效途径,是当今采矿科学、信息科学、人工智能、计算机技术和 3S 技术高度结合的产物,它将深刻地改变传统的采矿生产活动和人们的生活方式。因此,构建金川数字矿山,不仅有利于矿山的科学管理和安全生产,而且能够提高矿山采矿生产能力。

金川镍矿自建成投产以来,十分重视采矿技术攻关及科学技术在采矿生产中的应用。几十年来不断技术攻关,不仅解决了一期工程建设中的技术难题,实现了一期工程无矿柱大面积连续开采,而且在二期工程的开发建设中,也成功解决了 1150m 中段以上厚大矿体的安全开采,成功推广了一期工程的大面积连续开采经验。针对二期工程的采矿技术条件,开展了广泛而深入的研究。研究开发了金川二矿区安全信息管理系统,实现了金川采矿生产和数据管理信息化;首次引进数字矿山建模软件,构建了金川矿产资源的三维地质模型,实现了矿产资源的信息化评估和可视化设计;首次采用光纤光栅传感技术,建立了二矿区采场围岩和充填体的变形监测网,开发了变形监测信息的预警预报系统,实现了采矿生产过程的动态监测和灾变预警;2000 年建立全矿地表 GPS 变形监测网,进行长期动态、实时监测,并开发信息管理系统,实现地表沉降信息的监测与监控;在二矿区膏体充填系统中,引进和完善充填自动控制系统,实现充填系统的精确控制。这些技术的研究与发展,不仅大大提高了金川镍矿生产管理信息化、数字化、网络化水平,而且为金川数字化矿山的建设与发展奠定了坚实基础。

随着金川矿区开采深度的逐步增加,采矿难度增大,深井采矿面临严峻考验,潜在诸多技术难题和安全隐患。因此,金川二矿区深井矿床开采,不仅需要继续开展重大技术难题攻关,更重要的是开发建设金川数字化矿山。通过采用先进的信息技术、人工智能、数值分析和 3S 技术综合集成系统,进行采矿方案优化设计、生产调度系统规划、回采过程动态管理、监测信息动态监测监控,从而实现二矿区千米深井采场地压的有效控制、采场灾变风险的最优决策,为金川大型难采矿床的安全、高效开采提供可靠的保证。

1.2 数字化矿山的概念

综观历史,采矿业曾受到大大小小技术进步的巨大冲击。如今数字地球(digital

earth,DE)和数字中国(digital China,DC)战略的提出及数字农业、数字海洋、数字交通、数字长江、数字城市等一系列示范工程的着手实施,不断激励人们进行数字化矿山的开发与建设。

数字化矿山(digital mine,DM)是数字地球在矿山开发中的应用,所以定义数字化矿山首先要理解数字地球。数字地球是指"一个多种分辨率、三维的表述方式,使人们能嵌入巨大数量的地理坐标系数据系统",就是指在全球范围内建立一个以空间位置为主线,将信息组织起来的复杂系统,即按照地球坐标整理并构造一个全球的信息模型,描述地球上每一点的全部信息,按地理位置组织、存储起来,并提供有效、方便和直观的检索手段和显示手段,使每一个人都可以快速、准确、充分和完整地了解及利用地球上各方面的信息。在这个意义上,数字地球就是一个全球范围的以地球位置及其相联系为基础而组成的信息框架,并在该框架内嵌入所能获得的信息的总称。因此,可以从两个层次上来理解数字地球。一个层次是将地球表面每个点上的固有信息(即与空间位置直接有关的相对固定的信息,如地形、地貌、植被、建筑、水文等)数字化,按地理坐标组织起来一个三维的数字地球,全面、详尽地刻画人们居住的这个星球,也即通常所指的地球本身;另一个层次是在此基础上再嵌入所有相关信息(即与空间位置间接有关的相对变动的信息,如人文、经济、政治、军事、科学技术乃至历史等)组成一个意义更加广泛的多维的数字地球,为各种应用目的服务。

数字化矿山的特征与数字地球是一致的,只是尺度和范围上不同。所谓数字化矿山就是指在矿山范围将矿山信息以三维坐标为主线,构建成一个矿山信息模型,来描述矿山中每一点的全部信息,按三维坐标组织,存储起来,并提供有效、方便和直观的检索手段和显示手段,使有关人员都可以快速准确、充分和完整地了解及利用矿山各方面的信息。从这个意义上说,数字化矿山就是一个矿山范围内的以三维坐标信息及其相互关系为基础而组成的信息框架,并在该框架内嵌入所获得的信息的总称。因此,可以从三个层次上来理解数字化矿山。

(1) 第一个层次是将数字化矿山中的固有信息(即与空间位置直接有关的固定的信息,如地面地形、井下地形、地质、开采方案、已完成井下工程等)数字化,按三维坐标组织起来形成一个数字化三维空间,全面、详尽描述矿山及采掘工作体系。

(2) 第二个层次是在此数字化三维空间上再嵌入所有相关信息(即与空间位置间接有关的相对变动的信息——网络化离散的管理信息数据,如井下监测监控、供电管理、通风管理、排水管理、生产管理、调度管理等)。

(3) 第三个层次是数字化空间的动态性和业务、管理的多元化。

数字化矿山是一个动态的概念。因为新的数据不断更新,采掘面不断更新,数字化三维空间和空间中的数据都在发生变化。从这个角度来讲,数字化矿山首先是资源的数字化,以大量信息构成的资源量可直观显示出来;其次是信息资源的立体化,而不是平面的;最后业务在这个数字化空间中是多层次、多角度的,管理也是多层次、多角度的,这个数字化空间是多元的。用一些场景来真实感受以下各数字化空间:技术人员可以使用鼠标在模拟的三维矿井中下矿,真实地感受矿井的工作现场和查看现场数据,如现场安全检测设备处于矿山中的何种位置,发挥着何种作用,设备状态如何,谁在进行操作,如何使设备在矿山中获得最佳配置等信息资源。把人事管理"嵌入"数字化空间中,可以实现扁平化、透视化。矿山中的人力资源分布,各种人员的流动性图表,获得最佳劳动力组合。财务管理、营销管理也可以"嵌入"这个数字化空间。

在矿山设计、建设开采过程中,模拟三维矿井条件,进行有效的表述,不再要求亲自深入井巷工作面,办公室内就可触摸工作面矿床,不再非要矿井建成后再去体验,"矿井未建先下井巡视一番"已成为可能,可以把矿井建设得更科学合理。

在技术研讨中,生产中的技术管理往往要反复进行多方案对比,参与人员观察问题的角度增加了,如果一个技术问题在三维的多元化空间中分析,可以酝酿得更充分,那么对技术问题的认识也会更深刻,专家可以从各个角度描述问题,使得技术问题更加全面,并可以对研讨对象进行精确刻画,形成多种备选方案。

1.3 数字化矿山的体系

无论从业务层面、数据层面还是从技术层面,数字化矿山都是一个复杂的巨大系统,它所涉及的是多知识的融合、多学科的交叉。图 1.1 所示为大多数数字化矿山系统架构图,通常数字化矿山系统由以下几部分构成。

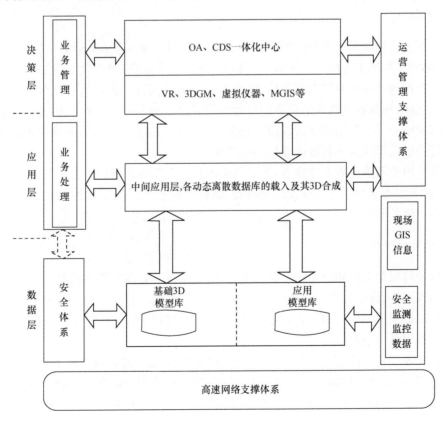

图 1.1 数字化矿山系统

1. 高速宽带网络支撑体系

数字化矿山的建设与矿山业务运行以高速企业局域网为基础,在数字化系统中所处理的业务不但有语音、视频、数据业务,还有大量的与模型库交互的三维数据。建立宽带、高速和双向的通信网络,确保海量矿山数据在企业内部甚至是与 IP 网络快速传递都是十分必要的。高速宽带网络是数字化矿山的基石。因此,高速企业网技术是数字化矿山建设的关键之一。

2. 三维数据原库和应用模型

结合矿山安全生产数据标准,整合安全监测数据和现场 GIS 信息,并采用虚拟现实技术,建立三维数据模型库,将为矿业工程、生产、安全、经营、管理、决策等服务的各类专业应用模型纳入模型库,为矿山数字空间提供原库调用服务。

在三维的矿山 3D 原库中,用关联和拓扑的方式组织相关的原库。矿山信息的拓扑查询、分析与应用及许多采矿安全问题的模拟、分析与预测等,均以矿山 3D 实体的属性、几何与拓扑数据的统一组织为基础。因此,可以立足矿山 3D 数据的矢栅集成,完成矿山 3D 拓扑描述、表达、组织与维护。

3. 矿山知识挖掘

知识挖掘是利用基于知识工程(knowledge based engineering, KBE)技术和人工智能,从矿山海量数据中为用户挖掘有用的数据、获取决策信息,以及建立求解各类具体工程、生产、管理与经营等问题的应用模型,是本系统的实用化工具。只有当数字化矿山能够方便、快速地从其数据仓库中提取用户所需的显式数据与模型,智能、快速地从其数据仓库中重新组织并产生用户所需的隐式数据与模型时,数字化矿山的海量矿山信息才能被未经过特别培训的用户和各业务部门所共享。

由于矿山空间信息的上述特点,为了从矿山数据仓库中快速提取专题信息、发掘隐含规律、认识未知现象和进行时空发展预测等,数据挖掘技术提供了这种高效、智能、透明、符合矿山思维的服务。

4. 中间处理层

中间处理层是空间和应用数据的合成基地,负责统一管理数据和模型,即空间数据原库和应用模型库,提供数据资源的载入;完成空间拓扑建立与维护、空间查询与分析、制图与输出等 GIS 基本功能,并进行数据访问控制、开放接口;分析组织各个空间原库,将离散动态数据库载入空间。

中间处理层同时还完成三维数字化空间视图,即在统一的空间参照下进行采矿动态组织与管理,并调度和控制各类三维原库和应用模型的使用和运行,完成业务数据的管理与封装等系统功能;为统一的 OA、CDS 一体化中心,提供各种应用功能空间载体,如在此空间可设计实时开采模拟、作业安排与监测、资源动态管理、通风网络体系模拟、排水系统模拟、开采沉陷动态模拟、地表数据整合、生态恢复和矿区可持续发展多目标决策等。

5. 三维基础数据及业务环境提供者

矿山企业应用系统中已形成了不同层次、具有不同功能的应用系统和软件模块,如虚拟现实(VR)、三维地学模拟(3D geoscience modelling,3DGM)、矿山 GIS(MGIS)、虚拟仪器,并形成海量数据与海量模型。可采用三维地学模拟进行数据与模型的过滤和重组。应用三维地学模拟,将采掘资料、地震资料、开挖设计数据及各类物探、化探资料建成矿井、矿体与采区巷道及开挖空间矢栅整合的 3D 模型库,可实现海量矿山地物的几何信息、拓扑信息和属性信息的虚拟再现。运用 VR 和并行计算技术,并嵌入虚拟仪器、各类专业应用模型,如开采沉陷计算、开采沉陷预计、顶板垮落计算、围岩运动模型、储量计算、通风网络解算、涌水计算等。经过上述的处理,对矿山采矿活动造成的地层环境影响进行大规模模拟与虚拟分析。形成各个基础的三维模型库、应用模型库。为统一的数字化矿山业务处理(OA)、指挥调度系统(CDS)一体化中心提供业务视图环境和业务管理方式。

6. 数字化矿山业务处理和指挥调度系统一体化信息管理中心

数字化矿山的根本目标是为企业高效管理决策提供支持。在数字化矿山中,把办公自动化和指挥调度系统进行一定的绑定。在可视的环境中,形成全矿山、全过程、全周期的数字化管理、作业、指挥与调度,做到信息数据、管理业务流程相互协调、相互融合。

7. 安全体系

整个应用体系都是构建在安全体系之中的,具有良好的安全保障体系。整个系统的安全设计从以下两个方面来考虑:一是硬件平台,即提供三维空间网络 QoS 的同时,如何保证系统的服务可靠和稳定;二是软平台,即身份的统一认证、授权、加密、审计和监测等方面。

8. 管理业务体系

在应用处理过程中分为三个层面:数据层、业务处理层、业务管理层。为企业的业务管理、高层决策提供服务。在系统的构成中,整个系统采用分层的结构,每一层向上一层提供服务,各层之间按照运营管理体系的规范交互。运营管理系统是数字化矿山运营管理的支撑体系。

这三个层次贯穿于整个四级网络体系中,并形成三个系统。各业务管理层相互协调、相互促进。在业务管理层中,网络数据层是监测和诊断中心的数据源,为局矿两级的相关专家人员、工程人员提供信息服务,而决策层是在这些数据的共享平台中高度共享和利用这些信息。局矿两级网络中的专家支持和决策所形成的数据又加入网络数据层中,而被充实的网络数据层又为各级专家支持、决策提供更丰富和完备的数据。

1.4 数字化矿山建设目的

数字化矿山是建立在数字化、信息化、虚拟化、智能化、集成化基础上的,由计算机网络管理的管控一体化系统,它综合考虑生产、经营、管理、环境、资源、安全和效益等各种因素,使企业实现整体协调优化,在保障企业可持续发展的前提下,达到提高其整体效益、市场竞争力和适应能力的目的。矿山数字化建设主要努力实现开采对象、开采方式、开采过程、经营过程、安全保障和决策过程的全面数字化,最终目标是实现矿山开采的综合自动化。

1. 实现地质资源数字化和开采对象数字化

矿产资源是矿山企业生存和发展的根本,是一切工作的基础。作为企业的加工对象,地质资源的种类和数量决定了矿山的产品、规模和服务年限,其形态和质量则决定了矿山的生产工艺和技术经济指标,从而直接对企业的生产成本和经济效益产生影响。借助现代信息技术建立地质资源数字化管理系统,快速、准确地获取地质资源信息并进行数字化、可视化处理,同时实时把握地质资源的消耗与新增状况,使地质资源信息在地质、测量、采矿等业务之间实现集成共享和实时交互,是矿山企业科学制定矿山开采规划、合理安排矿山生产、保证生产可持续性和经济开采性的前提和基础。地质资源的数字化内容主要有以下几个方面:

(1) 地质数据库的建立与更新。

(2) 矿床模型的建立与三维可视化。

(3) 资源储量计算与品位估计。

(4) 矿山地矿工程三维可视化。

(5) 矿山岩石力学特性的数字化。

除(5)外,以上工作均可由比较成熟的、已经商品化的矿业软件完成。目前,应用较广的矿业软件见表1.1。

地质资源的数字化需要根据矿山的生产实际,分析矿山各业务环节对于地质资源信息在内容和形式上的要求,研究矿山地质资源数据的集成化、标准化和规范化,在此基础上借助矿业软件平台,建立可视化地质资源模型,并深入拓展矿床模型在地质资源数字化管理中的应用,实现数据平台和矿业软件功能处理、地质资源管理的流程化和一体化。目前流行的国内外矿业软件基本可以完成地质资源的可视化工作,但需要根据矿山各自的特点进行二次开发,补充矿业软件不具备的功能,如探矿数据的采集、损失贫化的计算、生产矿量的统计等。

表 1.1　数字化矿山建设常用的矿业软件

产品名称	开发公司	所属国家
Datamine	Mineral Industries Computing Limited	英国
Mintec	Mintec,Inc.	美国
Surpac	Dassault Systèmes GEOVIA Inc.	澳大利亚
Micromine	Micromine Pty Ltd	澳大利亚
MapGis	武汉中地数码科技有限公司	中国
3DMine	北京三地曼矿业软件科技有限公司	中国
D-Mine	长沙迪迈信息科技有限公司	中国

2. 设计计划最优化向开采方式数字化发展

地质资源可视化完成了矿山加工对象的数字化问题，它为矿山生产提供了加工对象的具体信息。采用什么方式和过程进行开采，需要通过设计计划的数字化来实现。设计计划的数字化和最优化，结合虚拟现实技术，可以实现矿山开采过程的模拟预演，达到优化开采方案、获得最优技术参数的目的。对于矿山企业来讲，设计计划的优化是数字化矿山建设中难度较大的环节，尤其是对于金属地下矿山，即使借助矿业软件，这一工作也相当复杂。目前流行的矿业软件虽然都具有设计计划功能，但大部分矿山的应用效果并不理想。这里既有矿业软件本身的问题，也有技术人员的习惯问题。另外，矿山企业生产计划的编制需要综合考虑多种影响因素，通过软件优化得出的生产计划往往不能完全符合矿山的生产实际，这方面的应用受到了限制。设计计划的数字化、最优化和地质资源的数字化、可视化是紧密相关的，设计计划的最优化必须在地质资源数字化的基础上才能实现，地质资源数字化是设计计划最优化的前提。设计计划最优化的主要内容：

（1）开采方案的最优化与可视化仿真。

（2）开采设计的数字化与最优化。

（3）生产规划、中长期计划优化及可视化展示。

（4）生产作业计划的动态、可视化。

（5）生产能力最优配比与矿石质量均衡。

3. 从生产过程自动化到开采过程数字化

生产过程自动化是数字化矿山建设的重点内容，也是实现矿山生产安全、高效的主要手段。矿山企业的生产过程自动化、数字化不同于一般的制造企业，特别是分布于不同中段的采掘生产，由于作业地点分散、作业过程不连续、作业条件恶劣等，完全实现自动化、数字化难度较大。近几年，大部分金属地下矿山的技术装备水平有了很大的提高，与之相适应的生产过程自动化也有了长足的发展，提升、运输、通风、排水、充填系统的自动化，遥控铲运机、遥控钻机在个别矿山的应用说明自动化与遥控技术已经进入了国内矿山企业。金属地下矿山生产过程的自动化、数字化主要包括提升自动化、运输自动化、通风自动化、排水自动化、供风自动化、供配电自动化、充填自动化和选矿自动化等内容。通过自动化技术的应用，重点提高设备运行的可靠程度和效率，减少操作人员，实现少人采矿、安全采矿。对于遥控台车凿岩、遥控铲运机出矿等无人采矿方面的应用，国外矿山尚处于起步阶段，国内矿山应根据自身的地质条件和装备水平，研究应用的必要性与可行性，量力而行，稳步推进。根据我国矿山目前的装备水平和管理现状，生产过程数字化、自动化的内容如图 1.2 所示。

4. 经营管理协同化向经营过程数字化发展

矿山生产是一个多业务协同过程，这种协同不仅是业务内容上的协同，而且是时间和空间上的协同。目前国内多数的矿山在业务的协同管理上存在着很大的差距，被普遍认

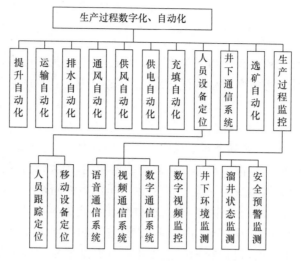

图 1.2　数字化矿山生产过程的数字化和自动化内容

知的"信息孤岛"正是业务协同管理意识欠缺所产生的表象,业务协同的关键在于业务流程优化与信息资源规划。

协同化的生产经营管理基本功能是基于协同化的业务流程,以成本分析与控制为核心,以安全高效为目标,对矿山的生产经营进行规划与控制。我国的国有大中型矿山一般都采用矿业集团生产矿山的管理模式,全面预算、财务成本、人力资源、设备资产、物资供应的信息化建设一般由集团统一规划,矿山的生产经营协同化管理是实现集团战略目标的重要手段,主要是采掘生产计划的制定、生产成果的统计验收、产品质量与生产成本的控制等内容。

目前许多矿山都在进行管理信息系统(MIS)、企业资源规划(ERP)、办公自动化(OA)系统的建设与实施,由于系统性较差,离经营管理数字化、网络化还有一段距离。

5. 决策支持智能化向决策过程数字化转变

矿山数字化建设的最终目的是为各级管理人员提供所需要的决策支持。这种支持不仅是数据的罗列,更重要的是基础数据经过加工后形成的具有表现能力的数据分析集,结合矿山的各种数字化建设内容所形成的图表、画面、实时模拟图等,综合显示于展示平台中,用直观、简洁、综合性的方式为各级管理人员提供所需的矿山生产经营状况。决策支持智能化需要建立在前面 5 个层面的基础上,基于长期积累的大量数据,通过各种分析手段形成具有决策支持功能的分析结果。另外需要注意的是,决策支持智能化是一个不断充实、完善和提高的过程,根据不同的决策主题,需要补充相应的智能工具。决策支持智能化的主要内容:

(1) 数据库的建立与内容更新。

(2) 生产过程的实时监控。

(3) 生产经营过程的综合查询。

(4) 企业经营诊断与经济活动分析。

（5）信息综合服务与决策支持。

6. 安全管理集成化向安全保障数字化发展

随着社会的进步、企业自身对安全生产要求的提高,矿山来自安全方面的压力越来越大。许多矿山对于生产安全非常重视,已经把安全生产放在各项工作的首位,但是安全生产管理的技术手段还不能满足当前的需要,作业地点的安全状况,作业人员、作业设备的实时信息,安全隐患的检查、整改和落实情况还不能及时、清晰、直观地反映到决策者的面前。保障矿山开采活动的安全、高效,数字化建设是重要的技术手段之一。矿山安全生产有着丰富的内涵,需要从生产过程、人员安全、设备安全、环境安全等多个角度实现对安全生产信息实时把握,并在此基础上进行分析,以辅助决策,这需要建设集成化的安全生产信息管理平台,通过生产过程中人、机、环境、制度的集成化管理,保护人员与生产资料的安全。集成化的安全生产管理包括如下内容。

（1）作业环境的安全保障。通过井下微地震监测、围岩应力应变监测、通风系统监测、工作面环境监测（风速、温湿度、粉尘浓度、一氧化碳浓度、氮氧化物含量等参数的检测）等手段,实时掌握作业地点的安全状态。

（2）作业人员的行为安全。包括人员行为动态的描述和生产人员安全素质的评估。分别通过井下人员跟踪定位和安全档案及安全操作水平评估等来实现信息的获取与集成。

（3）作业设备的运转安全。包括生产系统运转的安全性和作业设备的状态评估。分别通过生产设备的在线监测和设备运行档案来实现信息的获取与集成。

（4）安全制度保障信息。提供安全标准,以此来指导安全生产过程。集成化的安全生产管理系统一方面从生产过程控制系统实时获取安全生产相关数据;另一方面,相关数据经处理加工后提供给企业的安全生产管理系统,在数字化矿山的功能体系中发挥着重要作用。同时,集成化的安全生产管理系统集成了人、机、环境及安全生产制度,是矿山安全生产计划与评价的重要手段。

1.5 数字化矿山研究内容与关键技术

1.5.1 数字化矿山研究内容

国内外矿山建设与发展表明,数字化矿山是一个目标、一个方向,不是一项具体工程,不可能一蹴而就,需要花费较长甚至很长时间,分阶段、分步骤地组织不同领域、不同学科的一大批科研人员进行科研攻关。基于DM的特征和框架,数字化矿山应开展以下5个方面的研究。

1. 地质采矿三维模型建模技术研究

通过真3D地学模拟技术对钻孔、物探、测量、传感、设计等地层空间数据进行过滤和集成,并实现动态维护（局部更新、细化、修改、补充等）,对地层环境、矿山实体、采矿活动、采矿影响等进行真实、实时的 3D 可视化再现、模拟与分析,由此为矿床地质评价、数值建模分析及采矿系统优化奠定基础。

2. 开采系统设计与工艺优化技术研究

矿床采矿系统设计、稳定性维护、地压控制和安全与环境管理均需对矿山信息获取、分析、评估和决策。这些均以各类应用软件与相关模型为工具。因此,必须针对不同的应用和矿山实际工程的需求,引进多功能组件式应用软件,并针对实际工程特性和特殊需要进行二次开发,由此进行地质采矿工程的设计、分析与工艺优化的建模分析研究。在此应开展与其他领域交叉研究,包括现代矿山测绘理论、智能采矿与高效安全保障技术、数字环境中采动影响分析与仿真模拟、数值分析、采矿动态模拟与非线性分析算法、矿山系统工程与多目标决策理论与技术、模糊优化与控制、数字环境中现代矿山管理模式与机制等。

3. 安全预警与灾害控制技术研究

确保矿山生产安全和环保,是数字化矿山建设的主要目的之一。安全与环保涉及采矿工艺、生产管理和信息分析与应用。因此,需要从人、物、环三个方面拓宽信息获取渠道,加强信息分析、处理和应用能力,提高生产管理水平来实现采矿生产安全预警与灾害控制。涉及采矿信息获取的监测手段和理论分析方法研究、获取信息的综合处理与预测模型建立及自动报警、危险预测和控制决策系统的开发研究。

4. 生产调度指挥与控制技术研究

在矿井通信方面,除宽带网络之外,如何快速、准确、完整、清晰、实时地采集与传输矿山井下各类环境指标、设备工况、人员信息、作业参数与调度指令等数据,并以多媒体的形式进行地面-井下双向、无线传输,也是需要攻关的研究课题。

5. 面向数据挖掘的矿山数据仓库技术研究

矿山数据主要是指在矿山生产、经营与销售过程中采集的原始数据或处理加工后的数据。原始数据库是指以测量[遥感(RS)、全球定位系统(GPS)、数字摄影测量(DP)、常规地面测量(NS)和井下测量(US)等]、传感(指各类接触式与非接触式矿山专用传感与监测设备/仪器采集系统,如应力传感、应变传感、自动监测、机械信号与故障传感、钻孔电视等)和文档录入(法规、法令、文件、档案、统计数据等)为综合手段所获得的数据。各种矿山用图、各种统计图表为第二手数据。根据 Parsaye 的观点,把信息决策过程的数据信息分成 4 个空间。矿山数据属于数据库空间。矿山信息是一个既抽象又具体的概念,不仅包括所采集到的各种矿山数据,只有借助于计算机指令和各种凭证、规章制度才能反映出来。在矿山信息化中,知识是指一个或多个矿山信息关联在一起形成的有用价值的信息结构,这一过程通过矿山数据挖掘系统才能提供,才能为矿山决策服务。

1.5.2 数字化矿山的理论基础

数字化矿山的理论基础主要包括如下内容：

（1）系统工程学和信息工程学。涉及各种类型软件和软件包设计、来自不同数据源和网络的信息系统的集成、数据库的构建、系统标准制定等。

（2）无线电和光纤通信理论、空间信息理论。实现远程遥控和自动化采矿的基础，数字化矿山的最终实现与空间技术有许多共同之处。

（3）自动定位与导航理论。实现远程遥控和自动化采矿的基石。

（4）现代采矿学。适应远程遥控和自动化作业的新的采矿工艺和方法。

（5）数字地质学及岩石力学理论。建立三维可视化动态地质模型、矿床模型、岩石力学模型，岩体不连续面自动数字化测绘技术的应用。

（6）数字摄影测绘理论与遥感数字成像。

（7）机械工程学、机器人与自动化理论。开发研制应用先进的自动化采矿设备。

（8）检测监控理论。建立环境监测系统、安全生产监测系统、固定设备监测系统、移动设备监控系统等。

（9）工程管理科学、运筹学与控制论。建立高速企业网，人、财、物、产、供、销综合分析决策，中长期生产规划，生产方案优化决策等。

1.5.3 构建数字化矿山关键技术

在构建数字化矿山中需要解决以下关键技术。

1. 数据采集和高速网络传输技术

数字化矿山面对的是具有多源、多维、动态、异质、异构、海量数据特点的矿业生产经营过程，其数据应具有无边无缝的分布式数据层结构，能融合地上和地下、历史和现时、多源、多比例尺、多分辨率的各种矢量和栅格数据。其实施途径是将井上井下各类活动通过有线电视、传感器采集数据，转换数据格式，通过高速网络实时传输到数据库服务器。

2. 分布式空间数据库和网络GIS技术

分布式数据库及分布式处理是数据管理的发展趋势，矿山各专业部门可以建立专业数据库，以发挥各自在数据采集、更新和处理方面的特长，避免集中式系统带来的管理困难和网络拥塞。这些分散计算机经互联网络连接成为多计算机系统，采用分布式计算技术和互操作技术实现资源共享。超媒体网络GIS（WebGIS）和互操作规范（OpenGIS）分别是实现同构系统（相同软件平台）和异构系统（不同软件平台）分布计算和互操作的工具。

3. 空间数据仓库、空间数据挖掘与知识发现技术

数字化矿山的主要任务之一是实现海量数据的存储、更新和分析处理，传统的数据库已经难以满足需要。数据仓库（data warehouse）是20世纪90年代发展起来的一种数据

存储、管理和分析的新技术,空间数据仓库则是支持管理和决策过程、面向主题、集成、随时间而变化、持久和具有空间坐标的数据集合。空间数据挖掘与知识发现则是从大量、不完全、有噪声、模糊的空间数据中,提取隐含、有用的空间和非空间的模式及普遍特征的过程,为数据处理和理解提供智能化、自动化的手段。在数字化矿山框架中,所获得的大量数据信息由矿井空间数据仓库进行管理,空间数据挖掘主要是发掘矿山活动的隐含规律,为建立决策支持系统服务。

4. 三维可视化和虚拟现实技术

矿业活动具有三维空间特征和动态特征,数字化矿山应具有三维实体(数据体)的实时显示、虚拟井下和地面生产活动实景的功能。基于 3DGIS 平台的真三维矿山数据模型是数字化矿山建设的基础工作之一,将可视化技术引入三维矿体模型,可以实现三维地形和三维矿体的生成和仿真,有助于更好地理解矿体的空间信息及矿体与地表地形之间的空间位置关系,提高空间分析功能。虚拟现实是人与信息科学相结合的高新技术,它以多媒体计算机系统为基础,运用实时计算机图像生成数据库、人工智能和物理模拟等技术手段来虚拟逼真、可交互的动态世界。

通过对虚拟矿山实体进行操纵,可以构造出逼真的三维、动态、可交互的虚拟生产环境,用以模拟完成在真实矿井中进行的工作。

5. 动态模拟和人工智能技术

数字化矿山不仅是信息管理,更重要的是具有指挥和决策功能,以数据仓库和高速网络为支撑,运用数据挖掘与知识发现、专家系统等人工智能技术,实现包括生产调度指挥、资源预测、环境保护对策、安全警示、突发事件处理等决策支持功能,是数字化矿山成功应用的标志。

1.5.4 数字化矿山地质保障信息系统

矿山生产是围绕矿体开展的活动,矿山地质条件是矿山生产经营的前提。因此,地质信息子系统的建立属于数字化矿山建设中的基础性工作。数字化矿山中的地质保障信息系统应是一个具有信息管理和预测评价功能的开放系统,可以为矿山规划、生产提供准确、可靠且形象的地质资料和地质保障。上述要求体现在以下两个方面。

(1)原始数据和评价结果的开放性。信息系统可利用不同阶段勘探资料、物探资料和井下探测资料,方便地进行数据管理,并能动态扩充,以满足不同的需求,具有标准的接口,可与数字化矿山其他部分实现信息共享。

(2)建模的综合性、实时性。针对地质保障系统面临问题的特点(多因素、模糊、定量、实时要求),系统除具有数据管理功能之外,还具有定量评价、预测功能,并应采用多种方法进行实时综合建模。

根据需求分析,地质保障信息系统的核心部分包括地质数据仓库、真三维空间地质模型、预测评价模型等。地质保障信息系统可分为数据层、平台层和应用层 3 个层次(图 1.3)。

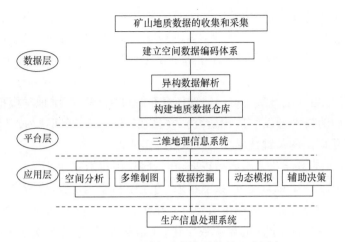

图 1.3　矿山地质保障信息系统的 3 个层次

1.6　数字化矿山研究现状与发展趋势

1.6.1　国外数字化矿山研究现状

20 世纪 90 年代,国外矿山信息化建设已经取得了巨大进展,但客观地分析,这种进展更多地体现在过程自动化方面,在整体信息应用与管理决策支持上进步并不明显。21 世纪是信息主导的世纪,"数字化生存"已成为知识经济的标志,信息技术的飞速发展给中外采矿业带来了巨大冲击。采矿业是以矿产资源为生产对象的古老产业,绝大多数矿山企业还处在劳动密集型阶段,信息化改造势在必行。

国外数字化矿山发展非常迅速,发达采矿国家的矿山信息化改造已迈出坚实的步伐,有的已制定长远发展规划。加拿大从 20 世纪 90 年代初开始研究遥控采矿技术,目标是实现整个采矿过程的遥控操作,现已研制出样机系统,并在 INCO 公司的各地下镍矿试用,实现从地面对地下矿山进行控制。加拿大已制定出一项拟在 2050 年实现的规划,即在加拿大北部边远地区的一个矿山建成无人矿井,从萨德伯里通过卫星操纵矿山的所有设备实现机械自动破碎和自动切割采矿。芬兰采矿工业也于 1992 年宣布了自己的智能采矿技术方案,涉及采矿实时过程控制、资源实时管理、矿山信息建设、新机械应用和自动控制等 28 个专题。瑞典也制定了向矿山自动化进军的"Grountecknik 2000"战略计划。

1.6.2　国内数字化矿山研究现状

我国采矿业总体信息化水平还不高。近年来,随着社会经济的发展和国家宏观控制的实施,我国矿山企业经济形式和运行状态正在发生显著变化,信息化建设逐渐升温。1999 年,国家计委、信息产业部《"十一五"期间国家信息化发展战略和规划思路》中明确提出,要利用信息技术改造提升能源、矿山等传统产业。党的十六大报告也指出:应"坚持以信息化带动工业化,以信息化促进工业化,走出一条科技含量高、经济效益好、资源消耗低、环境污染少、人力资源优势得到充分发挥的新型工业化路子"。自 1999 年首届"国际数字地球"大会上提出了"数字化矿山"(DM)概念以来,DM 的思想已深入人心,DM 科学研究与技术攻关已悄然兴起。2001 年,"APCOM"会议上组织了首次"国际 DM"主题讨论;2004 年 4 月,中国科学技术协会青年科学家论坛第 86 次活动以"数字化矿山战略与未来发展"为主题。

我国相关单位也相继开展了矿山地理信息系统(MGIS)、三维地学模拟、矿山虚拟现实(MVR)等方面的技术开发与应用研究。并且在"十一五"期间,科技部实施了 863 计划,开展了数字化矿山的关键技术攻关和示范矿山建设。

我国煤矿企业的数字化矿山启动较早,在一些矿山也取得了一些初步成果。山东兖州矿业集团公司于 2001 年开展了"数字兖矿"的立项和建设,已经完成了"地测空间信息平台构建与开发"研究。徐州矿业集团公司也开展了"数字煤矿"的建设,先以张双楼煤矿作为试点,但无论在广度(全面的煤矿数字化)还是深度(数字化作为煤矿生产的核心技术)都还远远不够。国内一些地理信息系统公司,如北京东方泰坦公司、北京理正公司等,在地质体的真三维显示方面取得了较好的成果。在煤矿生产自动控制方面,大同煤矿集团公司也取得了初步成果。

中国矿业大学等单位也相继开展了采矿机器人(MR)、矿山地理信息系统、三维地学模拟、矿山虚拟现实、矿山 GPS 定位等方面的技术开发与应用研究。随着实时矿山测量、GPS 实时导航与遥控、GIS 管理与辅助决策和三维地学模拟的应用,国际上一些大型露天矿山(包括平朔、霍林河矿区)已可在办公室生成矿床模型、矿山采掘计划,并与采场设备相联系,形成动态管理与遥控指挥系统。此外,专家系统、神经网络、模糊逻辑、自适应模式识别、遗传算法等人工智能技术、GPS 技术、并行计算技术、射频识别技术及面向岩石力学问题的全局优化方法、遥感技术等已在智能矿山地质勘探调查与测量、智能矿山设计、智能矿山开采、计划与控制、矿山灾害遥感预报等研究领域得到应用。

1.6.3　数字化矿山研究发展趋势

在矿山企业信息化建设问题上,国内外矿业界有着不同的战略设想,从而在建设目标、建设规划、功能体系等方面分别形成不同的侧重点。国外矿业大国主要通过建设智能矿山,实现无人采矿来达到采矿生产安全、高效的目的。我国主要以信息技术为依托,重点研究和开发矿山数字化系统,以实现矿山生产的工业化。20 世纪 80 年代,一些矿山企业与科研院所、大专院校开始合作探索计算机技术在矿山设计和生产中的应用,并开发了一些应用系统软件,如矿山资源储量计算软件、矿井通风系统软件等,为推动我国矿山信息化建设起到了积极的作用。90 年代后,随着国家信息化的快速发展和市场环境的变化,矿山信息化进入快速发展阶段,围绕着如何提高矿山生产效率和管理效率、降低开采成本、提高矿山开采的技术水平和生产能力等开展了大量的研究,并取得了丰硕的成果,主要成果体现在以下几个方面。

1. 矿床可视化建模和储量计算得到推广

随着数字地球、数字中国等概念的不断涌现,数字化矿山也逐步得到推广和实施。通过矿山地质数据的获取、输入与管理,建立矿床地质模型,实现矿山地质图件编制及地质统计学品位与储量计算。国际著名的数字建模软件如澳大利亚的 Surpac、Micromine,美国的 MineSight,以及英国的 Datamine 等在我国许多矿山得到运用。

2. 计算机辅助矿山规划与设计大幅度提高

在矿床三维模型的基础上,进行地质储量计算,运用计算机辅助矿山规划与设计软件,优化开采境界,编制矿山的长、短期计划,动态、快速地调整生产计划,从而实现矿山的最大净现值、最大资源利用率,并提高工作效率,降低生产成本。例如,江西铜业公司在全国矿山率先采用国际上普遍应用的矿山规划与设计软件 MineSight,能够根据矿业市场行情快速优选出最具有市场竞争力的采掘方案,以降低剥离费用和减少采矿设备及维修设施的投入。安徽铜都铜业股份有限公司的狮子山铜矿引进了英国全套 Datamine 矿业管理软件作为其深部冬瓜山铜矿床开采的配套技术,采用线性规划技术实现矿山长、中、短采掘计划编制,能保证在适当的时间、适当的地点开采出矿石的数量和质量,使矿山企业投资效益最佳。

3. 矿山生产调度和生产控制广泛采用微电子与计算机技术

矿山积极采用新工艺、新技术、新方法开展创新改造工作,使企业生产过程自动化、设备智能化的水平有了较大的提高,特别是大型企业提高较快、效益明显。例如,德兴铜矿于 1998 年开始采用美国模块公司的 DISNTCH 系统,系统由调度中心、通信网络、车载系统等部分组成,可对车辆的运行状态、安全状态、技术状态进行自动化统计、分析、调度,极大地提高了露天矿的生产效率和安全性。据统计,设备使用率提高了 7% 以上,年采矿成本降低 1500 万元。德兴铜矿大山选厂引进选矿自动控制系统,该系统以 Windows NT 为平台,采用现场总线系统,并可通过 Internet 实现生产过程监控。金川有色金属公司的龙首矿井下皮带运输系统安装了 ABB 公司的 MP200 分布式控制系统,充填工区分别安装了 Honeywell 公司的 MICO-TDC3000 和 SCAN3000 分布式控制系统,选厂二期工程安装了 OMRON 公司的 C-20 可编程逻辑控制器,磨浮系统安装了 AB 公司的 S100 可编程逻辑控制器,基本上实现了生产过程的自动控制。

4. 矿山 MIS/ERP 软件及网络硬件环境得到改善和提高

大中型矿业企业已建立起不同层次的管理信息系统,随着企业体制与机制的改革,由传统的 MIS 系统向现代企业的集成 MIS 系统转型。计算机网络由共享式基带网络建设向交换式综合信息应用的高速网发展,由局域网向 Internet 转型。例如,江西铜业公司、中铝已投巨资建立了 ATM 网和 ERP 系统,达到了国内外先进水平。云南铜业公司信息系统建设的一期工程,建立了 Novell 网,应用了 Oracle 数据库,并先后开发了一些应用系统,如生产管理系统、计划管理系统、财务管理系统等,这些系统的应用极大地提高了生产效率,规范了企业管理。铜陵公司的"三网合一"综合信息网建成及运行,给企业带来显著效益,代表了目前网络建设方向。

5. 电子信息技术应用与信息资源的开发成绩显著

有色大型矿山企业在信息化建设中,电子信息技术应用与信息资源的开发,已从单项开发应用向集成化、综合化发展,向管/控一体化、CIMS、ERP 方向推进,向电子商务初级阶段迈进。例如,金川集团公司、中金岭南集团、中国铝业广西分公司等都是应用比较好的单位。

在"九五"、"十五"、"十一五"期间,我国矿山企业在应用推广信息技术方面进行了较大投入,打下了一定的基础,取得了明显的效益,也促进了矿山安全生产。国内有色金属矿山企业基本上都建立了独立、部门级的应用系统。多数企事业单位建立了覆盖整个企业主要业务部门的信息通信及网络系统并实施了财务管理系统;大多数大型有色企业基本建立了综合信息管理平台(如公司网站、办公平台、电子邮件系统等);许多重点有色企业还应用了计划管理、生产调度管理、设备管理、原材料管理、劳动人事、库存管理、质量管理等系统。部分大型重点有色企业建立了生产执行系统(MES)、供应链管理系统及企业资源计划系统(ERP 系统)。这些大型企业系统应用日趋完善,实现了基础管理,简化了中间环节,在生产、经营、管理各个方面发挥了积极作用,增强了企业对市场的快速反应和综合竞争能力。有些大型企业采用国外的 ERP 系统,中国铝业、亚洲铝业、五矿集团、西南铝业(集团)有限责任公司、云南铜业股份有限公司、辽宁忠旺集团等十几家有色金属企业使用了 SAP ERP 系统。而有些有色金属企业采用了国内 ERP 系统,如用友、金蝶等;据了解,重庆华丰铝业(集团)有限公司(华丰铝业)、中铝瑞闽、金堆城钼业采用了金蝶ERP 系统;金川集团公司、宁夏东方钽业、天津大无缝、江西铜业、贵溪冶炼厂、渤海铝业等有色金属企业采用了用友 ERP 系统。有些企业部分业务实施了 ERP 系统或正在进行ERP 系统的前期调研工作,这些有色企业 ERP 的实施为同行业企业开展信息化建设积累了宝贵的经验。

我国的梅山铁矿等企业已经考虑采用遥控凿岩台车,使设备操作员摆脱穿孔作业过程中产生的高强度噪声危害。国内学者在阐述金属矿床地下开采科学技术发展的趋势时认为,无人采矿将是 21 世纪中国采矿工艺技术发展的若干重要领域之一。科技部已将地下无人采矿技术及相关装备列为"十一五"期间 863 计划首批启动专题课题的研究方向及内容之一,进一步明示了无人采矿技术在我国发展的趋势。

1.7　我国数字化矿山建设存在问题及原因

我国数字化矿山的建设起步较晚,与国外先进国家相比仍存在显著差距。由于信息技术的迅猛发展,矿山企业尤其是现代矿山企业可以直接面对国外信息技术发展的前沿技术和最新的管理理念,但这些先进的技术和理念与矿山企业的融合却成为最大的瓶颈。硬件系统、自动控制系统、网络系统等可以快速与国际接轨,而软件系统、系统集成与规划、管理理念的提升与管理过程的规范化则存在诸多问题,具体表现在以下几个方面。

(1)"信息孤岛"日显突出。随着矿山企业计算机技术应用的不断深入,不同类型的业务系统和大量的业务数据分散在企业内不同部门、不同系统,由于缺乏数据交换机制,数据需要重复多次输入,使数据的一致性无法保证,信息及时反馈难、共享差,产生所谓的"信息孤岛",造成信息资源和设备资源的极大浪费。

(2) 信息系统建设出现"断层"现象。目前矿山企业的信息化投入和应用的分布很不均衡。企业的中间层,如设计部门和财务部门等已经初步实现计算机管理,但企业决策部门的信息化建设依旧很薄弱,基本停留在"形象工程"上,相关的报表满天飞。目前矿山信息化建设处于"战术层"居多,而企业"决策层"相当薄弱。

(3) 矿山数据丰富但知识贫乏。随着数据库技术的迅速发展及数据库管理系统在矿山广泛应用,矿山积累的数据越来越多。激增的数据背后隐藏着许多重要的矿山生产经营信息,人们希望能够对其进行更高层次的分析,以便更好地利用这些数据。目前的信息系统可以高效地实现数据的录入、查询、统计等功能,却由于缺乏有效的数据分析和挖掘工具,无法发现数据中存在的关系和规则,无法根据现有的数据预测矿山的发展趋势,从而导致"数据爆炸但知识贫乏"的现象。

(4) 矿山信息的标准化工作滞后。大部分大中型矿山企业已经建立了企业内部网(Intranet)和 Internet 网站,但在绝大多数企业起到的作用仅停留在媒体的简单扩充上,没有充分利用网络进行深层的信息资源挖掘,缺乏共享、网络化的信息资源,企业的产品编码、管理编码和统计指标等技术标准、规范不一,不能使企业内部、企业与客户、供应商、业务伙伴的信息流畅通。谈不上电子商务的运用。

(5) 缺乏适合矿山特点的应用软件平台。矿山企业由于所处的行业及历史背景与一般的制造企业不同,矿产资源开发是一个复杂的巨系统,矿山管理信息系统的开发需要"量身定制"以满足矿山的不同需求,同时考虑信息系统的集成性和开放性。但由于缺乏既熟悉矿山业务又精通信息系统开发的复合型人才,同时我国自主进行矿山应用软件开发的力度不足,导致适合矿山业务特点的应用软件匮乏,严重阻碍矿山信息化的发展。

产生这些问题的原因主要归纳为以下几个方面。

(1) 企业信息资源规划存在误区。长期以来,不少矿山企业在进行管理信息系统(management information system,MIS)开发时,对企业信息资源规划存在误解。例如,20 世纪 80 年代中后期,一些矿山把"总体规划"搞成计算机选型规划;90 年代初中期,把"总体规划"搞成局域网配置与设备选型规划;90 年代后期至今,企业网配置方案的论证,成为"总体规划"的主要内容。矿山很少将总体数据规划列为总体规划的主体,没有考虑对企业多少年来所分散开发的结构不合理、数据繁杂混乱的"数据库"进行规范化,取消或减少数据接口,实现高档次数据环境的信息集成。

(2) 对 MIS 的认识误区。企业信息化建设中有句老话:"三分技术,七分管理,十二分数据",信息系统的实施是建立在完善的基础数据之上的,而信息系统的成功运行则是基于对基础数据的科学管理。"三分技术"中的数据组织技术尤为重要,"七分管理"中的人员组织管理、管理制度是关键,"十二分数据"是指数据的准确、及时和完善,基础代码、统计指标的统计、规范是保证,必须以数据为中心进行 MIS 的设计与开发。但许多企业在信息系统开发中,轻视数据组织技术,忽视组织的制度管理,从而导致不少 MIS 开发和运行失败。

（3）对信息系统集成存在误区。信息系统集成，就是将那些孤立运行的计算机系统变为集成化的信息系统的过程，不仅包括计算机和网络环境的集成，还包括更重要的数据环境和人文环境的集成。就信息技术方面而言，建设企业集成信息系统的基础与核心任务是数据集成，或者说是标准化、规范化的信息资源管理，只有在这个基础上才能建立和运行集成化的信息系统。但是许多企业认为，分散开发的应用系统可以通过建立数据接口实现系统集成。这些接口的数目和复杂性，随着新的应用系统增加而呈几何级数增加。最终，靠增加接口的方法实现新应用系统和现有系统的集成，变得可望而不可即。

（4）严重缺乏信息技术人才。近 10 年来，各行各业都在吸引信息化人才，不失时机地建立其行业、部门、企业的信息化队伍。实践证明，信息技术（information technology，IT）人才是产业信息化的重要保证。但在矿业领域，信息人才匮乏，特别是既熟悉矿山实际情况又精通企业信息系统建设的复合型人才更是非常缺乏。有些矿山领导错误地认为 MIS 只是一种技术系统，没有看到人在系统中的作用，不重视开发队伍、业务人员培训。有些领导甚至认为，信息系统开发一切都可以交给开发商完成，企业自己不需要信息技术人员。这种想法是错误的，因为在开发期间开发商需要企业信息技术人员配合，即使系统正常运行后，也需要企业的信息技术人员对系统进行管理和维护。

（5）数字化矿山建设是一个目标而非具体工程。一些高等院校、科研院所开展这方面的工作较早，也取得了一些研究成果，但由于偏重于理论研究，实用性差，成果缺乏系统性，应用效果不好。数字化矿山建设没有统一的标准和模式，没有随着现代信息技术、自动化技术的发展进步而进步。从某种意义上讲，数字化矿山建设不是一项具体的工程，而是一个目标。数字化矿山的建设可以依层次循序渐进，也可以采用选择重点逐步扩大或跨越式发展方式，其终极目标是实现矿山真正安全、高效、经济开采。

第2章　金川集团公司信息化概况

2.1　企业概况

金川集团公司是全球知名的采、选、冶配套的大型有色冶金和化工联合企业,是中国最大的镍钴铂族金属生产企业和中国第三大铜生产企业。拥有世界第三大硫化铜镍矿床,被誉为中国的"镍都",并在全球24个国家或地区开展有色金属矿产资源开发与合作,公司经济规模进一步壮大,发展质量不断提高,在国际矿业领域的地位和影响力进一步提升。2011年公司营业收入首次突破千亿大关,2012年达到1500亿元,资产总额达到1200亿元,成为甘肃首家营业收入过千亿元的企业,位列中国企业500强第91位、制造业第34位、有色冶金及压延加工第4位。金川集团公司荣获"中国工业大奖"、"全国模范劳动关系和谐企业"和"全国文明单位"等称号。

为了使信息技术和自动化技术在企业经营管理和安全生产等各领域、各环节得到充分有效应用,调动和发挥专业化管理的推进合力。2000～2003年金川集团公司先后成立了"金川公司信息中心"、"金川集团自动化研究所"和"金川集团自动化工程公司"。重点围绕改造提升传统工业、优化管理流程、提高生产效率、实现节能减排、确保安全生产、整合产业链等方面,推动了公司信息技术的集成应用,促进了传统工业技术的优化升级,加快了新型工业化道路步伐。所承担的"采用大型浮选装备和自动化技术高效开发利用我国紧缺镍钴资源产业化示范工程"被国家发改委授予"国家高新技术示范工程"荣誉称号,金川集团公司被国家工业和信息化部确立为首批"两化"融合促进安全生产重点推进项目承担单位。

随着金川集团公司"十二五"发展战略的推进实施和"全球信息化和经济全球化"的发展,国际化的投资、贸易、研发、生产已变成"无界无眠",完全突破了时域和地域的限制。企业信息化对提升企业管理的引擎作用受到党和国家领导的高度关注,党的十七大提出"促进信息化与工业化融合,走新型工业化道路"。金川集团公司高瞻远瞩,放眼世界,审时度势,提出了"三个四"的跨国经营战略,进入全球化集团管控的时代。金川集团公司始终坚持以科学发展为主题,以加快转变经济发展方式为主线,坚持信息化带动工业化,工业化促进信息化,通过"信息化与管理创新融合和自动化与工业提升融合"的路径,着力推进企业信息化和工业自动化建设,不断提升企业生产经营管理和全球资源开发利用能力,不断优化生产工艺流程和资源经济运行模式,不断深化科技创新和产业结构调整,有力促进企业可持续、快速、协调、健康全面发展,金川集团公司在国际金融危机中仍保持了企业快速发展和实施跨国经营的能力,"两化融合"综合能力始终处于国内有色冶金行业领先水平。

2.2　企业信息化战略

在金川集团公司的发展战略指导下,根据金川集团公司"十二五"发展战略、业务流程现状和业务发展需求编制了《金川集团公司"两化"融合发展总体规划》,主要包括以下几个方面。

1. 指导思想

坚持以科学发展观为统领,以提升金川集团公司整体竞争力为目标,走新型工业化道路,大力推进"两化"融合建设。加快信息技术从单项应用迈向集成应用的步伐,促进信息化建设在公司生产关键环节的应用,建立健全管理服务体系,快速实现经营模式和发展方式的创新和转变,实现金川集团公司全面协调可持续发展。

2. 建设思路

坚持总体规划,分阶段并行实施;持续改进完善,持续推进应用。

3. 建设原则

遵循成熟先进、简单可靠、集成实用的建设原则;坚持统一规划、统一标准、统一建设、统一管理。

4. 建设项目

主要项目是企业资源计划(ERP)、协同工作管理(CMP)、人力资源系统(HRS)、生产执行系统(MES)、资产管理系统(EAM)、企业智能系统(BI)、企业综合门户(EIP)和独立应用系统(IAS)。

5. 建设目标

围绕金川集团公司"十二五"发展总目标,不断强化成本、经营、资源、安全等方面的信息化实施投入,构建金川集团企业级综合信息化平台,全面促进流程再造,实现生产的精细化控制和管理,实现精确的成本控制,提高公司对内部管控和外部市场变化的快速反应能力、决策能力和市场竞争能力,实现集团管控和全球业务信息一体化。

6. 计划与实施

树立"管理是核心,系统是工具,实施是重点,应用是关键"的思想,充分考虑金川集团公司现状和发展,保证系统的灵活性和扩展性。从重要程度和紧急程度进行分析,并结合各项目的实施周期,合理确定各个项目建设的先后顺序。信息化项目建设必须按照项目立项、方案设计、详细设计、项目实施和项目上线运行的规范步骤进行。

2.3　基础设施建设

　　金川集团公司整体的基础网络架构已经基本完成,企业级的数据中心已初步建立,实现了由计算中心向数据中心的转变,图 2.1 为金川集团公司主干网络拓扑结构。目前金川集团公司的信息可做到全时段、全方位互联互通,信息接入点已达到 5000 多个,完成了核心交换万兆、骨干网千兆和百兆到桌面的基础网络建设任务,各二级厂矿及子公司采用 VLAN 划分技术,都拥有各自的内部局域网,金川集团公司拥有独立双路 100M 的 ISP 光纤外网出口。可为金川集团公司广大员工提供安全可靠的公司内外 Internet 的 Web 服务、E-mail 和 FTP 服务,建立了网络防病毒系统和各种网络安全策略,实现了公司外部的 VPN 接入等网络服务功能。

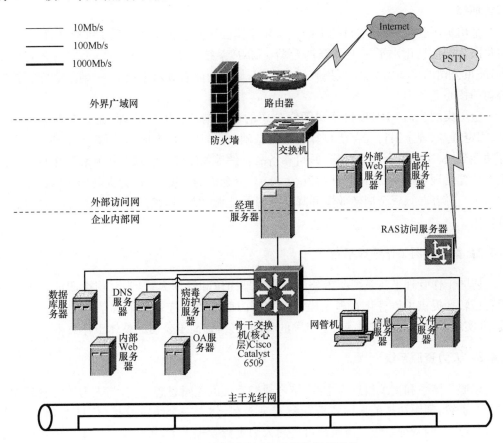

图 2.1　金川集团公司主干网络拓扑结构

2.4　管理信息系统建设

　　以金川集团公司的物流、资金流、信息流和生产执行控制为主线,已经建成多个 B/S

和 C/S 模式的应用系统。

2.4.1　企业资源计划平台

金川集团公司从 2001 年 8 月开始 ERP 项目的筹备工作,先后考察了国内外多家知名 ERP 厂商。在综合考虑软件厂商的方案、产品、应用经验、技术实力、开发实力、系统维护成本等因素后,选定中国最大的 ERP 软件供应商——用友集团合作实施公司 ERP 一期工程——物流资金流项目。

金川集团公司的 ERP 项目依据项目实际情况,结合项目目标,从 2004 年 12 月 10 日开始实施,分三个阶段实施完成。第一阶段实施集团财务,第二阶段实施物流管理,第三阶段实施财务管理,现已完成整个物流资金流项目的实施。整个系统已于 2005 年 6 月 8 日正式上线运行。ERP 项目的二期工程已于 2006 年启动,主要内容包括设备管理和销售管理等。

金川集团公司 ERP 项目的上线是金川集团公司信息化建设的重要里程碑,标志着金川集团公司信息化水平迈上了新的台阶。ERP 系统的应用,将提高公司的财务管理水平,缩短公司的采购周期,降低库存资金占用,使公司的管理水平更上一个层次,全面提升公司的核心竞争力。

金川集团公司 ERP 项目紧紧围绕公司的产供销和人财物管理,在原有财务会计总账、固定资产、现金银行和存货核算管理的基础上,增加了标准成本、原料跟单和全面预算等功能模块,实现了全公司材料、原料和备品备件等物流的在线跟踪控制和各单位工序的成本核算管理,保持了公司内部物流、信息流、资金流的高度一致,为提高公司内部生产采购需求、仓储配送、资金周转效率和降低原料及能源消耗、压缩库存资金发挥了有力的支持作用。

2.4.2　集团协同工作管理平台

协同工作管理平台系统覆盖公司所有管理岗位和管理人员,为公司由职能管理向流程管控转变提供了信息化管理手段。减少部门职能重叠拖沓和消除信息阻塞、延误、失真,并实现了 Pad、笔记本电脑、手机等的移动办公,提高了公司的整体工作效率。

2.4.3　人力资源系统

以职位体系和员工信息为主线,结合战略管理的逻辑思想,整合与人力资源管理相关的所有资源,理顺和规范人力资源业务管理流程,建立一个统一管控、信息整合、流程优化、业务规范的管理系统。该系统可提高人力资源管理水平,实现了金川集团公司所有部门单位和 3 万多名员工的自助服务,通过加强绩效管理构建高效敏捷的组织,从而减少管理层次和削减机构规模。

2.4.4　生产管理平台

通过生产数据系统、计量检测和运输管理等系统的开发建设,实现了自动采集基础生产数据和生成生产统计汇总及报表服务,计量检测数据自动采集和统一管理。金川集团公司原料预报、车号识别、货运管理、自备车管理于一体的铁路运输管理信息系统（TIMS），实现了内部铁路系统的统一可视化调度，使货车的交接、验车工作完全脱离原来的人工查找模式，从而快速进入生产运输调度流程。通过汽车平面运输管理系统和GPS 系统可对汽车运输的生产经营活动进行计划、组织、指挥、协调、监督等管理，以提高汽车运输的生产效益和经济效益。

2.4.5　资金管理平台

资金管理平台既是金川集团公司财务业务开展的基础平台，也是金川集团公司资金实行集中管控的信息化平台。通过银企直联实现了与中国银行、中国工商银行、中国建设银行、中国农业银行、交通银行、中国人民银行的在线平滑对接，搭建了财务公司核心营运平台，为财务公司结算、信贷等业务的开展提供信息化支撑；建立了相关风险、指标评价体系，提升了财务公司抵抗金融风险的能力；构建了集团资金信息集中管理体系，实现了集团资金预算、票据、融资授信等信息的集中管控，强化了对成员单位的监督和控制，有效降低集团资金的使用成本和融资成本，为金川集团公司跨越发展提供有力的金融支持。

2.4.6　项目管理系统

以项目管理知识体系为基础，以项目管理为核心，从项目管理组织建设、项目计划决策、规划设计、施工建设到竣工交付及总结评估，全过程、全方位地对项目进行综合管理。全程监控项目的投资、设计、进度、合同、质量，及时分析项目可能产生的风险，更好地规避项目建设风险，提高项目的投资收益率。

2.4.7　矿产资源管理平台

从集团领导、职能部室、项目组等不同角度把控项目开展的各项业务，包括项目信息收集考察、尽职调查、评估评价、公司决议、政府审批、商务会谈、合作框架协议签订、投资性协议签署等全过程控制，为金川集团公司掌控国内外矿产资源提供了信息技术支撑。

2.4.8　内控监督平台

对公司供应采购、项目建设等涉及公司所有生产经营活动的各个经济领域进行电子信息监督，有效防范经营风险。

2.4.9　网络教育平台

建立了"以学习者为中心"的网络学习平台，为公司国内外员工培训和自主学习提供学习环境，以方便员工随时进行知识的学习和技能的提高。同时以"教育云"的模式为公司总校搭建了统一教育平台，为 1 万多教师和学生提供各类教学服务。

2.4.10　网站平台

金川集团公司通过集群网站、集团短信平台、视频会议系统、集团手机报等进行内外信息发布和沟通交流，使企业内成员随时随地以最快捷、最有效的方式把要传递的信息传递给想传递的人,使企业沟通永远在线,有效控制国内外各子公司的生产运营,把握公司的国际地位。

2.5　自动化系统建设

金川集团公司在新建和改扩建项目中,所有生产系统都采用了 DCS 和 PLC 等自动化技术和装备,在生产中发挥了重要作用,公司过程自动化水平得到了快速提升。

2.5.1　采矿过程

结合矿山安全"六大系统"的建设,建立了一套适合金川集团公司井下安全生产管理实际需求的"全网合一"(数据、视频、语音)的网络应用综合信息系统,为井下的移动语音通信、人员/车辆定位跟踪、调度指挥、安全监控、数字监控等提供功能支撑与网络连接,井下 GSM 无线语音通信基本覆盖,实现短信危险事件报警,进行主动避险和及时地组织救援等。同时金川集团公司现有 3 个矿山实现了充填搅拌、提升和通风等系统的过程自动化。

2.5.2　选矿过程

金川集团公司先后完成了选矿 6000t/d 和 14000t/d 扩能改造项目,使选矿系统的自动化水平有了大幅度的提升,选矿系统共有各类监测仪表 590 台套、工业控制系统 3 套。逐步实现了碎矿、磨矿、浮选、精矿脱水和尾矿浓缩等工序的过程自动化。

2.5.3　冶炼过程

火法冶炼生产系统配备了各类检测、控制仪表 5315 台套,DCS 等控制系统 25 套。主要实现了镍闪速熔炼、富氧顶吹镍熔炼、铜合成熔炼和铜自热熔炼等,以及制氧、物料制备、余热锅炉和收尘等外围系统的全流程过程控制。

(1)精炼系统。湿法冶金过程共配置各类检测、控制仪表 8030 台套,工控系统 21 套。主要包括镍电解、铜电解、镍加压酸浸、镍常压氯浸、羰化冶金、银硒生产、贵金属生产和钴系统等过程自动化。

(2)化工系统。化工生产中的冶炼烟气制酸、氯碱和亚硫酸钠等各工艺流程全部实现 DCS 控制,各类检测、控制仪表 1860 台套,控制系统 10 套,各生产系统已实现了大型设备无人值守的全流程巡检作业的生产组织方式。

(3)金属盐类及金属加工。有色金属盐类新产品开发和金属加工生产线中,采用了较先进的自动化技术,如硫酸镍、硫酸铜、四氧化三钴等都是采用 DCS 系统优化生产控制指标和提高劳动生产率。10 万 t/a 铜材深加工、6 万 t/a 精密铜合金、5000t/a 镍及镍合金板带材等都采用了配套的全自动生产线。

(4)热电和动力供应。金川集团公司热电系统全部采用了 DCS 控制系统,与目前国内热电控制的水平相当。动力供配电都采用了电力综合保护系统和远程操控,水、电、汽已基本实现了自动计量和数据自动采集。

(5) 装备自动控制。矿山通风设备、选矿球磨机和压滤机、制氧系统大型空压机、阳极定量浇注机组、硫酸系统 SO_2 风机、湿法精炼联动机组等大型设备全部实现了自动连锁保护控制,均可通过 PROFIBUS-DP 协议与 DCS 进行通信。具备大型设备控制的集成能力,自行开发了硫酸 SO_2 风机、大型球磨机、浮选机、精矿压滤机等专业控制柜体和控制软件,节省了进口设备投资,降低了维护成本,同时部分产品随装备出口国外。

2.6　企业公共信息化服务建设

企业公共信息化服务建设始终坚持以降低企业投资总成本和员工受益为原则,加强与通信运营商、技术平台商、金融服务商的相互嫁接和相互融合,适应将来社会整体的发展。金川集团公司目前已实现的企业公共信息化服务主要包括如下内容。

(1) 企业"一卡通"。采用了"1+X"方式,通过一张能代表员工 ID 身份的智能卡(也可集成到 RF-SIM 和 USIM 手机卡),集成 X 种功能,如考勤、就医、就餐、门禁、泊车、乘车、水电燃气缴费、小额消费和住房公积金、企业年金查询等,实现公司员工"一卡通"自助服务。

(2) 视频监控。主要包括厂区、学校、医院等的安防监控,道路交通指挥监控等。

(3) 企业通信。主要包括企业广域网扩展的专线接入和企业内部管理和生产调度通信、水电燃气计量通信等。

(4) 定位系统。主要包括井下人车定位、物流运输定位、设备定位等。

(5) 移动应用。主要包括企业 WiFi、移动办公、移动 ERP、移动资产管理等的应用。

2.7　全面提升信息化理念和技术创新水平

随着信息技术的快速发展,传统的模仿现有业务电子化来架构信息技术系统的做法越来越力不从心,因此,需要围绕信息新技术重新对金川集团公司的信息技术架构进行理念和技术创新。

1. 创新信息化建设理念

金川集团公司跨国经营就必须建立以企业数据中心为核心的集团服务共享中心。信息化系统建设由以共享数据库为中心转向围绕数据中心提供服务来进行,所有新建的信息技术应用都基于企业云模式进行开发和部署,具有网络化和移动化的实现功能。重点以业务流程为核心,逐步从对信息技术系统的优化转向信息流的优化,使公司的经营决策速度更快、效率更高。

2. 实施企业云的架构

通过对新一代数据中心架构技术的深入研究和探讨,明确了采用面向云计算和面向服务的信息技术架构模式。以企业数据中心(EDC)为核心建立自己的企业云,将网络、计算、存储、操作系统、应用平台、Web 服务等资源以企业"私有云"的方式提供给金川集团公司跨国、跨区域用户，以满足公司跨国经营的战略布局。

3. 进行虚拟化桌面部署

金川集团公司已采用如图 2.2 所示的 Citrix 虚拟化技术搭建了企业云桌面，部署在金川总部的数据中心通过虚拟桌面对各种终端进行应用交付，对于企业用户的使用只要能将终端设备（台式计算机、便携式计算机、瘦客户机、手机等）接入局域网或互联网即可共享集团信息化系统中的各类资源和认证授权的各种应用，目前已在金川集团公司全面推行。

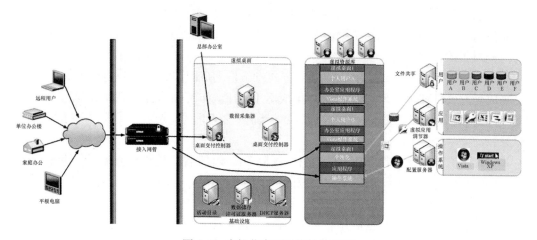

图 2.2　虚拟化桌面系统结构框图

2.8　信息化建设成果与经验

"两化融合"是传统产业向现代产业转变、提升企业竞争力的必然选择，核心目的是为企业创造更高的价值，金川集团公司所取得的主要成果如下。

（1）统一优化了集团业务流程。建立以业务流程为中心的信息技术应用架构，在集团与子公司的垂直业务单元之间、集团内横向业务部门之间甚至集团整个产业链之间统一优化流程。并固化到企业信息平台中实现无缝协同，对内推进集约化管理，对外促进市场竞争力。

（2）创新了生产作业方式和经营管理模式。通过信息的快速传递和处理，集团才能高度集中地控制分布在国内外各子公司的生产运营，各子公司也可实现相互之间的资源共享，把握公司的国际地位。信息系统还可取代中层监督控制部门的大量职能，使组织结构扁平化，使决策层与执行层的沟通更为直接有效，从而可减少管理层次和削减机构规模。

（3）强化了过程管控和优化资源配置。借助信息技术和自动化技术来强化企业生产经营活动的管控，使其成为公司安全生产、节能减排、管理优化、质量提升的必备手段。广泛通过网络化的信息系统来实现对信息资源的深度开发和广泛利用，从而达到提高经济效益和提升企业核心竞争力的目的。

(4) 提高了企业运作效率和决策水平。企业可以通过互联网和移动通信等手段,进行内外信息发布和沟通交流,使企业内成员随时随地以最快捷、最有效的方式把要传递的信息传递给想传递的人,使企业沟通永远在线,使各级管理者实时了解公司的关键业绩指标,增加管理决策透明度。

(5) 创建了企业信息化的新模式。构建企业云架构模式,以企业数据中心为核心,有效整合跨平台信息技术系统,将其转化成为企业云基础,做到资源配置最优;构建 Web App 应用模式,通过企业自助门户实现开放式数据集中和应用集成,可随时扩展应用部署,做到实施成本最低;构建移动应用模式,通过云桌面将同样的业务适配到不同的终端,一次性实现企业所有应用的移动化,做到技术整合灵活。

金川集团公司在推进两化融合工作过程中积累的主要经验如下。

(1) 注重技术创新。技术驱动力是一切发展的动力之源,在云计算、物联网、移动互联网等新技术不断涌现的信息生产力时代,必须通过技术创新将设计、生产和营销等诸多要素做到极致。

(2) 注重员工队伍建设。信息化是企业系统化的过程,如何使所有管理人员、工程技术人员、维修维护人员和操作控制人员具备使用各类信息管理系统和各种过程控制系统来解决问题的能力,比起各种系统的建设更显得难上加难。必须要突破传统人力资源管理模式,提高员工的企业系统知识和综合技能。

(3) 注重管理变革。要敢于面对当前企业管理中的不合理格局,并进行流程调整和改革。因为每个信息化项目都是跨部门的,都是支撑多部门协同解决问题,所以要自觉地改变观念,通过进行企业管理的顶层思路设计来提升其效能。

第3章　金川矿区数字化矿山建设框架体系

3.1　金川集团公司数字化矿山建设目标

3.1.1　长远目标

数字化矿山是信息产业和工业领域的一种先导性技术理念,是计算机网络和软件技术及数字通信技术、微电子技术集成和发展的结果。数字化矿山的建设过程将是一个长期而巨大的系统工程,因此要按照"分步实施、试点应用"的思路去建设。金川集团公司数字化矿山建设长期目标:实现资源与开采环境数字化、技术装备智能化、生产过程控制可视化、信息传输网络化、生产管理与决策科学化。在数字化建设的前期,在数字化矿山的模式、框架的基础上,以试点应用作为先行,以点带面,最后实现整个金川集团公司的数字化。

3.1.2　具体目标

数字化矿山的建设是一个庞大的系统工程,其建设还要经历一个漫长的过程,因此,总体规划分步实施是数字化矿山建设的必经之路,就目前而言,数字化矿山建设的具体目标如下。

(1)采用成熟的计算机软件系统,实现矿山资源、开采方案的优化设计、生产计划与开采环境的数字化、模型化与可视化。

(2)建立以光纤、漏泄电缆或无线通信为主体的多媒体通信网络,形成语音、视频与数据同网传输的网络体系,实现矿山数据的分布式共享。

(3)采用先进传感器网络技术,实现矿山生产过程、设备、安全与开采环境监控等数据的自动采集、智能分析与可视化处理。

(4)采用工业以太网、PLC智能控制及视频监视系统,实现对矿井提升、运输、通风、排水等系统及设备的智能化集中监控。

(5)采用先进的生产管理系统,实现矿山生产人员与移动设备的定位、跟踪及生产过程智能化调度与控制,全面提升矿山的生产管理与决策的科学性。

3.2　数字化矿山系统建设原则

根据矿山的特点及开发工具的特点,吸取以往开发经验,结合最新的GIS发展现状,从实用、方便、安全、稳定的角度进行设计,金川矿区数字化系统建设遵循以下8项原则。

(1)实用性原则。实用性是系统设计的主要原则,是衡量系统建设成功与否的基本准则,从管理部门的需求出发,开发功能实用,符合管理人员工作特点、工作习惯和业务流程的系统。

（2）先进性原则。采用先进的技术、新装备和新工艺，通过三维数字化管理平台的建设，有力助推数字化建设，并在矿业企业中起到引领和示范作用。

（3）开放性原则。数字化矿山建设平台是一个供矿区各个生产系统进行统一操作的基础环境平台，一个矿区的开发建设者及生产者共同操作的公共平台。平台的建设要在符合当前通用标准的前提下兼容多种数据源。接口的设计尽可能采用国际通用标准或行业惯例，具有高度的开放性，充分保证平台内所有子系统最大限度的信息共享，同时提供可持续的扩展能力。

（4）实时性原则。矿区三维数字化管理平台的建设要涵盖矿山企业生产经营的全过程，平台的使用贯穿于矿山的整个生命周期，数据的实时监测、实时显示和即时更新对矿山用户进行科学分析和政策规划具有重要意义。

（5）规范性原则。所有矿山技术和管理工作在矿业软件平台下完成，提供及时、规范和准确的矿山生产数据，并通过网络技术实现资源共享，为公司管理层的决策提供科学依据。

（6）可扩充性原则。为适应将来业务发展的需求，系统可以在原有设备的基础上升级，而不需要重新投资。为了适应业务人员的操作水平，尽量减少复杂的处理过程，使用户感到操作简单、实用性强。留出相应的程序接口，以便以后扩充。

（7）易操作性原则。系统应以简洁为主，在保证功能齐全的情况下，简单易懂、容易上手，功能设计根据管理要求贴近用户，提供详细的帮助功能。

（8）安全性原则。要求系统适合网上办公，重要资料访问限制，数据安全不被攻击，系统运行稳定可靠。

3.3　数字化矿山建设总体架构

3.3.1　数字化矿山基本架构

根据《工业企业信息化系统集成规范》（GB/T 26335—2010），工业企业信息化集成系统的典型架构由 3 级构成。

（1）H1 级。厂级系统，包括大、中、小型生产厂，生产基地的信息化集成系统。

（2）H2 级。金川集团公司级系统，包括区域级公司、跨厂级联合企业、大型联合生产基地的信息化集成系统。

（3）H3 级。金川集团公司级信息化系统。

H1 级系统为厂级系统，如图 3.1 所示，包括 L1～L5 层。

通过 5 层的纵向集成与横向集成实现现场设备管理、生产过程控制、生产执行、经营管理及战略决策的应用集成，构成完整的厂级信息化系统集成。这 5 层结构是企业信息化系统的基本结构模型。

矿山系统是一个复杂、动态、开放的巨系统，各部分之间互相影响、互相制约。对于这样的系统，只有快速、准确地了解各个系统运行情况，并使各个子系统配套、一致，在此基础上予以优化，才能实时、科学地作出决策，发挥矿山系统的最大能力和最佳效益。从以

图 3.1　工业企业 H1 级信息化集成系统分层模型图

上 5 个方面构成的数字化矿山建设总体框架,这些内容不是相互独立的,根据各个企业的业务流程和管理特点相互交叉融合,如图 3.2 所示。

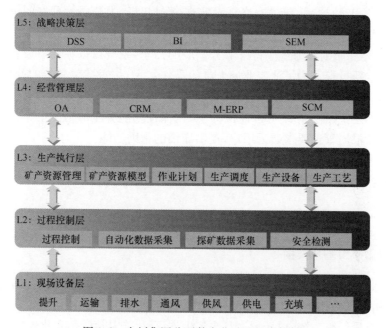

图 3.2　金川集团公司数字化矿山基本架构

1. 矿山多源时空数据库系统

矿山企业的设计和加工对象为资源,因此,快速、准确地掌握资源及其周围岩层的空间分布情况是最关键、最基本、最优先的建设内容,这项工作是后续设计、计划及决策的基础。同时,生产过程中各个系统产生的数据对过程控制、整体系统优化、决策制定均具有非常重要的作用。这些信息必须以数据库的形式予以管理,通过先进的软件进行快速的分析,才能有效地实现信息共享,发挥切实有效的作用。

2. 矿山生产过程和关键设备的自动控制

采矿工业是劳动力密集型、资本密集型的工业,是需要大量能源和材料的工业。可以利用信息技术对其进行改造和提升,提高生产过程的控制和自动化水平。在工业发达国家,自动化成为改造传统工业和发展新产业的基本目标。它们正在利用电子技术与机械技术的结合把工业机器人用于生产,使机械化转向自动化,从而大大提高生产率,降低成本,增强竞争能力。矿山生产多数情况下属于不连续的过程,人员和设备多处于移动状态,位置不断变化,但这并不意味着其过程不可控,只是控制方式、控制精度与普通的生产企业有所区别。

3. 矿山生产安全监控与预警系统

为了保证生产的持续、正常进行,减少事故造成的人员、设备损失,必须建立矿山安全监控和预警系统。通过对设备和环境的监控,一方面可以及时、快速、准确地发现事故,并采取应对措施;另一方面还可以在事故发生之前及时地发出预警信息,保证井下设备人员的及时撤离。

4. 矿山生产信息和办公信息快速传输、处理和检索系统

矿山生产过程中,存在着大量、来自于不同方面(如资源、设备状态、人员状态、安全等)的信息流动,先进的矿山井下综合通信网络系统,是整个数字化矿山建设任务中的中枢神经传导系统,只有建设好矿山井下综合通信网络系统才能及时、快速、海量地传输这些异质信息,实现生产过程的实时控制、快速决策和执行。

5. 矿山 ERP 系统

矿山 ERP 系统致力于矿业的整个材料设备采购、生产调度与过程控制、矿产品销售管理,该系统是以网络架构为体系支撑,以工作流模型为优化措施,以知识管理为支持因素,以供应链管理为主体内容的管理和信息系统。矿山 ERP 系统的推广是矿业数字化、信息化的重要内容,是矿业走向国际化和实现安全、高效、低耗开采的技术保证。

3.3.2　金川矿区数字化矿山结构

数字化矿山架构其内容比较全面,而针对金川矿区,其上部分的 L3、L4 层系统主要搭建在金川集团公司总部。金川矿区的数字化建设主要是将矿山的地、测、采技术人员通过矿业软件有机结合在一起,使矿山的技术人员在一个统一的平台下进行协同工作,确保矿山技术工作的每一步都能可控可查,提高矿山的管理水平。

通过数字化矿山建设,使相对分散的矿山资料实现统一的管理和共享,并且得到及时更新与维护,使每一个技术人员都可以很容易地获取最新最全的生产工作所需的技术资料,提高工作效率。例如,在采场设计中,首先由地质人员按采场设计的标高,将所有分层地质图件制作好并放在指定的平台分配位置,采矿技术人员只需在指定的目录下查找调用就可以进行采场的设计。使原有部门间相对复杂的交流方式转变为点对点快捷简便的

交流方式。简化了工作程序,节省了工作时间。

数字化平台主要有工作平台、系统平台和管理平台。主要功能包括工作现场的数据采集、数据初步整理及提交成果,如图 3.3 所示。

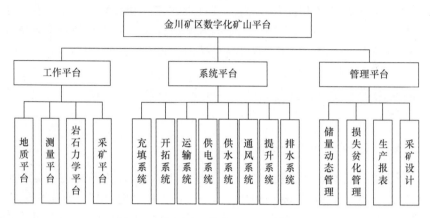

图 3.3　金川矿区数字化矿山整体框架

3.4　数字化矿山管理系统实现层次

数字化矿山管理系统实现层次有 4 个方面:网络通信平台、矿山地理信息系统、自控数据采集系统、业务管理信息系统。

3.4.1　网络通信平台

1. 金川三矿区网络结构

金川三矿区网络采用三层网络结构,并结合自动化、信息化、计算机、网络、通信技术,利用先进的自动化产品、网络产品和工业控制软件、数据库软件,使矿井在"采、掘、运、充、风、水、电、安全"等生产环节全面实现信息化,并将矿山生产、管理的各个环节,统一在一个网络平台上,形成统一、完整的有机整体。金川三矿区的网络如图 3.4 所示。

地面上要求高可靠的自动化控制网络,均采用网络冗余技术。矿井下环境条件恶劣,尤其是信道的故障率最高,因此本设计方案采用环网冗余技术,大大提高了矿井自动化系统的可靠性。在物理上和逻辑上考虑到传输信道、管控服务器、调度主机、供电电源的冗余,确保传输通路、数据服务、监控工作站、供电电源的安全可靠。网络交换机采用工业以太网交换机,有双电源冗余输入。

(1) 异构系统的互联互通。设计方案分别在网络级和串口级提供了多种符合国际主流标准的接口方式,便于各种子系统的接入,实现最大限度的信息共享。它能够集成不同厂家硬件设备和软件产品,实现各系统间互操作,将各系统数据集成。如地测信息系统、矿压观测、通风模拟系统、安全监测、充填管监测等。

(2) 技术指标和参数。地面主干网速率 1000Mbit/s,工业以太网速率 100Mbit/s,现场总线传输速率 12Mbit/s，工业以太网每段网站可连接 100 个，整个网络最多可达 1024 个。

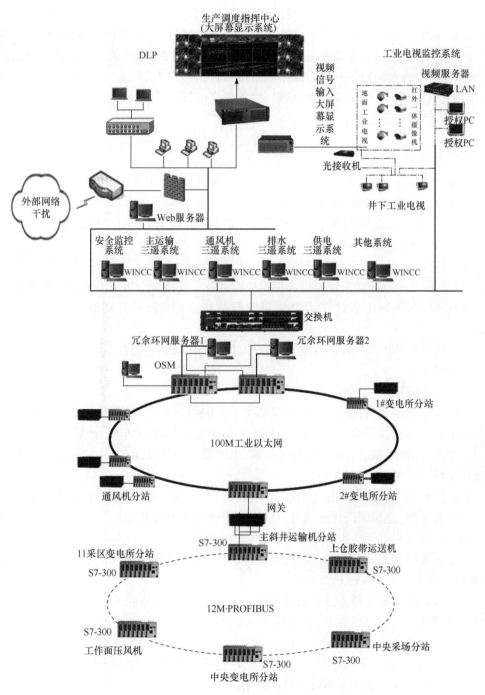

图 3.4　金川矿区网络基本结构

2. 网络系统的特点

（1）采用工业以太网＋现场总线的网络结构。采用西门子以太网、控制网和设备网所组成的开放型网络，以西门子的 PROFIBUS 和 100M 工业以太网为基础，解决就地控制存在的事故隐患，减少各设备之间相互脱节、无法充分发挥效率的缺点。系统由地面控制中心、现场分站、信息传输介质、网络通信接口设备组成，以实现先进、统一的自动化控制网络平台，使整个系统配置合理，信息共享，安全可靠，提高指挥效率和生产率。

（2）采用环网冗余技术。

3. 金川矿区网络现状

目前金川集团公司的信息接入点已达 5000 多个，完成了核心交换万兆、骨干网千兆和百兆到桌面的基础网络建设任务，各二级厂矿及子公司采用 VLAN 划分技术，都拥有各自的内部局域网，金川集团公司拥有独立双路 100M 的 ISP 光纤外网出口。

1）三矿区网络概况

在三矿区，网络的分布情况分别如下。

（1）三矿区矿办公楼网络通过金川镍钴研究设计院接入金川集团公司主干光缆。

（2）砂石车间网络通过铁运分公司砂石站接入；46 行办公楼通过二矿区办公楼接入。

（3）石英石车间暂不具备敷设光纤条件，目前通过无线网络接入互联网，未与金川集团公司内网连通。

2）三矿区网络平台构成

三矿区总部由金川镍钴研究设计院的主干光缆引入矿主机房，然后呈"树"状以各个单位为节点分别向以下单位敷设光缆：包括矿属职能科室、机修车间、运输工区、采矿五工区等 4 个单位，机械制造有限公司加工车间、生活服务分公司食堂、供应分公司木材厂，中国移动金昌分公司 WLAN 用户。

三矿区砂石车间由铁运分公司砂石站接入砂石车间，再由其分别接入镍盐有限责任公司白岩灰车间、选矿铜渣热选项目。最终将在砂石车间建成以四厂区为中心的信息中心控制室。

三矿区 46 行办公楼由二矿区办公楼经矿山公路、火车平硐至 46 行办公楼，分别连接矿内 44 行提升工区、36 行充填工区。

三矿区石英石车间暂不具备敷设光缆、连接公司主干网络的条件，经向信息中心申请无线网卡两块，通过 VPN 账号，以临时处理文档的方式暂时接入公司局域网。

以上以树状结构通过不同方式接入公司主干网，主要承担了公司信息化业务，矿内视频采集画面（地表及井下），砂石、石英采场边坡稳定监控，矿山集控系统等重要任务，为三矿区生产任务的完成起到了不可替代的作用。

3.4.2　矿山地理信息系统

地理信息系统（geographical information system，GIS）是发展于 20 世纪 60 年代，并

于 20 世纪 80 年代取得突破性进展的一门空间数据管理科学和智能化高新技术,由计算机系统、地理数据和用户组成,通过对地理数据的集成、存储、检索、操作和分析,生成并输出各种地理信息,从而为土地利用、资源管理、环境监测、交通运输、经济建设、城市规划及政府部门行政管理提供新的知识,为工程设计和规划、管理决策服务。

　　矿山地理信息系统(mining geographical information system,MGIS),或矿山空间与资源信息系统是以计算机技术为基础,用测量、摄影测量与遥感等技术采集信息,并通过机助制图和图像处理等辅助手段,结合矿山的空间与资源特征建立起来的一种信息系统。它具有对矿山资源与环境信息进行采集、存储、处理、查询检索、综合分析、动态预测和评价、信息输出等功能,从而为矿山环境工程和矿产资源开发管理进行规划、判断和决策提供科学依据。矿山地理信息系统主要由 GIS 管理软件和矿山空间数据库两部分组成,其下再分为若干个子系统(图 3.5)。

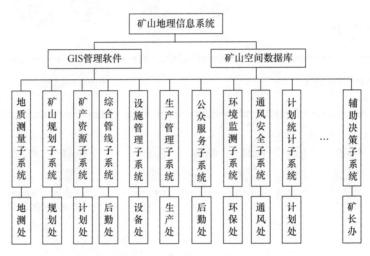

图 3.5　矿山地理信息系统组成

　　近年来,许多矿山企业与科研机构合作,开发出适合自己的矿山地理信息系统。通过对各种地质、矿山测量、经济、技术参数的分析和处理,可使矿山企业的各级主管人员迅速、及时并直观地查询有关技术数据,了解资源分布状况、开采强度、远景储量、矿石质量特性与经济价值等,为制定有关发展规划和进行生产决策提供科学依据。另外,通过矿山地理信息系统的综合分析与处理,可实现生产过程的监测和模拟,节省大量的人力、物力和财力。矿山地理信息系统的建立、发展和广泛应用,必将促使我国矿业的生产管理向信息化、科学化方向迈进。

3.4.3　自控数据采集系统

　　数据采集(data acquisition,DAQ)是指从传感器和其他待测设备等模拟和数字被测单元中自动采集或产生信息的过程。数据采集系统是结合基于计算机的测量软硬件产品来实现灵活、用户自定义的测量系统。通常,必须在数据采集设备采集之前调制传感器信号,包括对其进行增益或衰减和隔离等。数据采集卡,即实现数据采集功能的计算机扩展卡,可以通过 USB、PXI、PCI、PCI Express、火线(1394)、PCMCIA、ISA、Compact Flash 等总线接入个人计算机。

数据采集系统是一级自动化系统和工厂管理之间的连接,为生产调度人员、管理人员作出正确的生产计划、调度、平衡等决策提供实际生产信息。系统采用客户/服务器(C/S)模型和浏览器/服务器(B/S)模型相结合的模式。基础数据录入、数据处理及统计生成各类报表采用 C/S 结构设计模式,其安全性、人机交互性好,处理速度快。B/S 模式方便大多数用户进行数据查询。

数据采集系统网络如图 3.6 所示,由图可知,数据采集系统主要包括以下内容。

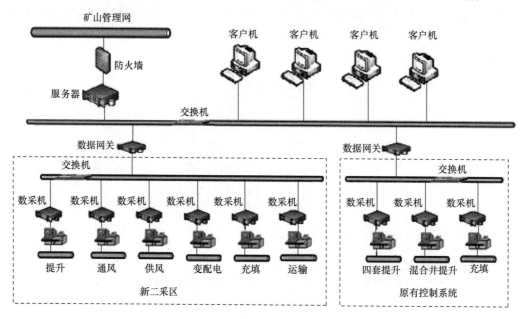

图 3.6　数据采集系统网络

1. 实时数据采集

通过数据服务器采集设备实时生产数据,同时在数据采集服务器上设置 OPC Server 或其他数据接口,为上层监控提供实时数据。

2. 数据备份

实时数据存储备份。对实时数据库的内容进行备份,采用自动实时数据备份或者按特定时间段数据备份的原则,把生产数据存储在数据服务器硬盘上。

3. 生产监控

把生产线各设备的生产数据进行高度集成,制作统一的监控画面,使操作人员和管理人员实时了解生产现场的生产情况。

4. 报警管理

产生报警画面,包括工艺数据报警、设备故障报警、系统故障报警,能够根据不同的报警信息提供不同的报警画面,在故障确认后可实现报警解除,本功能对和生产密切相关的工艺参数、设备参数控制的上下限进行设定,产生报警信号,对产生的报警信息进行记录跟踪,为事故追忆和事故原因分析提供数据依据。

5. 历史趋势

记录生产所要求的所有参数的历史数据,也可为事故追忆和事故原因分析提供数据依据。

3.4.4　业务管理信息系统

1. 业务管理信息平台框架

矿山数字化信息系统是采用现代信息技术、数据库技术、传感器网络技术和过程智能化控制技术,在矿山企业生产活动的三维尺度范围内,对矿山生产、经营与管理的各个环节与生产要素实现网络化、数字化、模型化、可视化、集成化和科学化管理的技术支持平台。

矿山数字化管理信息平台的建设以真实的地理和地质信息数据为基础,把地面可视资源与地下地质、巷道及设备状态等信息反映到统一的三维数字化平台中,使井上井下情况直观透明。矿区建设的参与者可以在这个平台上按照不同的分工完成矿区规划设计、施工管理、自动化控制、应急演练、上级监管及矿区形象展示等一系列活动。平台框架如图 3.7 所示。

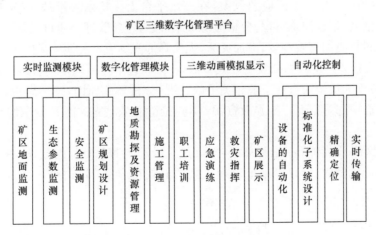

图 3.7　三维数字化管理平台功能模块结构

(1) 矿区地面监测。利用国家有关部门提供的卫星及航空遥感影像,根据矿区管理的需要,在三维管理平台上对矿区地面设施的变动情况进行实时监测,准确记录矿区环境的变化情况,为矿区的依法管理提供技术支持。

（2）生态参数监测。在矿区开发过程中,生态保护将是环境保护的重要基础,这不仅是当地政府的基本诉求,也是国家有关部门和各级地方政府的关注重点,是涉及地企关系和社会稳定的大问题。高度集中的矿井布置为减少矿区土地占用、提高植被覆盖率创造了条件。利用遥感技术手段对矿区植被覆盖变化、水体变化、地面沉降情况等进行监测。

（3）矿区规划设计。按照管理平台数据接口协议,将地面设施规划和井下设计导入平台,直接形成地面矿区三维立体模型和井下巷道及相关设施的三维模型。该平台使井上井下情况直观透明,为后续的建设和生产提供支持,尤其是在设计方案对比和审查方面,三维数字化平台的作用更加突出。

（4）地质勘探及资源管理。将钻孔、水文、地质构造等地质勘探资料录入三维管理平台,在平台上自动形成三维地质模型,准确反映地下矿石资源的赋存状况及相关的围岩、水文等信息,指导矿山的规划设计、工程建设、矿石储量管理、安全管理和生产活动。

（5）施工管理。在三维管理平台上,实施设计管理、施工计划管理、质量管理、安全管理和验工计价,直观显现和记录工程的进展情况和工程形象。

（6）自动化控制。在矿区建立统一的生产过程自动化控制平台,通过井上井下各子系统的标准化设计和国内外最先进的传输定位技术的采用,逐步实现井下和地面生产过程的自动化控制。通过自动化控制实现矿区安全,提高矿山生产力水平。

（7）安全监测。通过矿区测控系统的设计,将矿区所有安全信息显现在三维平台和相关的管理软件之中。其中一部分作为矿区自动控制的测控信息源融入矿区生产过程自动控制体系,其他部分直接传入公司生产指挥中心,并按照问题的性质和紧急程度分类进行处理。

（8）职工培训。通过该平台员工可迅速了解矿区和各大生产系统的基本情况并可根据自身业务需要,在该平台上进行专业化模拟训练。

（9）应急演练。根据矿区应急预案,在三维平台上模拟发生事故,启动应急救援机制,实施救灾活动,记录演练过程,分析演练成果,改善应急管理。通过三维系统的模拟演练,可使演练过程更加直观有效、更加灵活,大大降低演练成本和演练风险。

（10）救灾指挥。矿区如果发生较大事故,三维管理平台可以帮助各级政府领导和参与救灾的各方面人员快速直观了解相关事故情况,分析事故原因,统一思想,制定救灾方案,控制掌握救灾过程,动员各方面资源,实施抢险救灾,提高救灾工作的针对性和有效性。

（11）矿区展示。利用三维管理平台,通过三维动画演示短片的制作,根据不同人群的需要,从不同的侧面,形象生动地展现矿区的面貌和形象。同时可以减少人员下井次数,降低风险,保证生产安全。

2. 业务管理信息系统网络构成

作为三维数字化矿山管理系统,对平台的数据实时性要求非常高,基于对矿山用户需求的综合考虑,平台建设一般采用基于 Internet/Intranet 通信方式的 C/S＋B/S 相结合的架构开发模式。在 C/S 模式下,部署可采用网站超链接的下载方式,维护更新采用服务器集中更新、网络自动同步方式实现,解决部署和维护成本高的问题。同时 C/S 模式可快速、高效、及时地满足应急紧迫性的需求,为上级主管部门或相关技术部门领导监督管理提供快速的信息服务,并且能够充分利用 PC 硬件资源实现数学模型计算。C/S 结构由数据层、空间数据引擎层、几何造型三维建模层和应用层四层结构组成。B/S 部分主要负责三维模型在 Web 上的发布,为客户端提供三维场景和三维交互的人机界面。矿区三维数字化管理平台网络体系结构如图 3.8 所示。

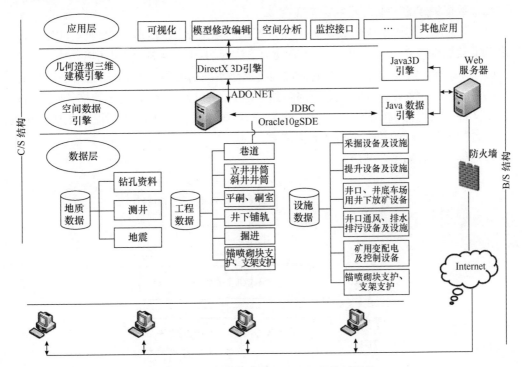

图 3.8　三维数字化管理平台网络体系结构

　　数据集成是指把不同来源、不同格式和具有各自特点的数据在逻辑上或物理上有机地集中,从而为整个数字化矿山中所有的业务应用系统提供全面的数据共享。但被集成的应用系统需公开欲共享的数据表结构、表间关系、编码的含义等信息,通过应用间的信息交换达到数据集成,从而解决数据的分布性、异构性及数据源的唯一性问题。

　　以往由于数据来源的渠道多,各系统的数据统计结果会不一致甚至大相径庭,除了数据采集来源差异外,数据没有及时同步更新也是一个重要原因。为此,首先,规范数据来源的唯一性;其次,各业务系统产生的新数据若需共享,也应提供出来,并以该业务系统作为唯一的数据源;最后,信息源数据的添加或变更,必须按照实际应用需求进行相应方式的同步更新,以确保信息源数据更新的及时性、正确性且不对系统运行造成沉重负担。

　　数据集成模型类型的选择。目前在数据集成领域中常用的数据集成模型有联邦数据库系统、数据仓库和基于中间件模型等。所谓的联邦数据库系统(federated database, FDBS)是指由半自治数据库系统构成、同时联盟各数据源之间相互提供访问接口并分享数据,彼此既协作又相互独立的单元数据库的集合。数据仓库是在企业管理和决策中面向主题、集成、与时间相关和不可修改的数据集合。而中间件模型则是通过统一的全局数据模型来访问异构的数据库、Web 资源等。所谓中间件是指其位于数据层和应用层之间,主要作用是协调各数据源系统,并为访问集成数据提供统一数据模式和通用接口。中间件模型通过在中间层提供统一的数据逻辑视图来屏蔽底层的数据细节,使得用户能把集成数据源看成一个统一的整体,因而使用起来颇为方便,该方法是目前流行的数据集成方法。

实现数据集成的困难之处主要体现在以下 3 点。

(1)异构性。需要集成的数据源往往是不同时期采用不同的数据库独立开发的,这就决定了数据模型之间的异构性,主要表现为语法异构、语义异构、使用环境异构等。

(2)分布性。需要集成的数据源分散地存储于不同的地理位置,依赖网络环境数据。

(3)自治性。需要集成的数据源都是独立建立的,包括数据库、电子表格、文本文件、二进制文件等结构化、半结构化、非结构化数据,不同的数据源可以在不提示集成系统的前提下自行更改自身的数据结构和数据内容。

系统集成框架如图 3.9 所示。

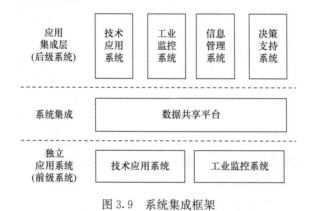

图 3.9　系统集成框架

3.5　数据资源标准建设

3.5.1　数据资源标准的作用和意义

金川集团公司整体信息规划的目的是实施以信息化带动工业化,发挥后发优势,实现社会生产力的跨越式发展的信息化战略,提高企业现代化管理水平与核心竞争力,需要建立集成化、网络化的企业管理信息系统。同时,由于企业众多监测监控系统的存在,矿山企业信息化程度不高,信息资源的利用率和共享度不高,在企业内部存在很多信息孤岛,在这种情况下将矿山安全生产监测监控的数据资源在系统平台上进行统一规划是非常必要的,它能够解决以下两类问题。

1. 监测监控系统整合问题

许多矿山企业已经建立了 Intranet,并接入了 Internet,建立了企业网站。监测监控数据资源标准的建立,使得监测监控的数据资源能够在 IP 平台上统一,为集团企业开发或引进其他信息系统奠定了基础,从数据的源头杜绝形成信息孤岛的可能性,充分地提高网络化共享度、信息资源的利用度。为企业上网工程与企业信息系统集成融合、扩展奠定了很好的基础。为金川集团公司将来建立国家安全生产监督管理总局、省安监局、市安监局矿区安全部门的四级网络安全应用体系提供数据资源统一平台。

2. 系统重建问题

大部分的矿山企业已经建立新一代信息网络,随着国家对矿山安全生产的监测力度不断加大,监测监控系统的运行模式也在不断变化。面对这种情况,如何搞好总体规划设计,组织工程实施,避免重走分散开发或引进失败的老路,避免形成新的信息孤岛,是企业急需解决的重要问题。因此,建立矿山安全生产监测监控数据资源的标准,将信息资源统一于 IP 平台上,是这一问题的最好解决方式。它保证集团到生产矿级企业信息化建设高起点、低成本,实现信息资源在 IP 平台整合与共享的目标。其重要意义主要表现在以下4 个方面。

(1) 全面进行监测监控信息化建设需求分析,规范表达运作层、管理层和决策层的信息需求,为有计划、有步骤地进行信息资源开发利用做好准备。

(2) 通过系统数据建模,理清现有数据库资源不一致、冗余和复杂接口等问题,建立适应新信息需求的规范化数据结构,为解决"信息孤岛"问题、改造和建立高档次的数据环境打下坚实基础。

(3) 在系统建模过程中优化管理业务流程,以信息化支持管理创新,进一步提高管理工作的效率和质量。

(4) 建立计算机电子信息资源文档,用以监测监控信息系统的建设,并建立长期的计算机化辅助设计与管理的基础。

3.5.2　数据资源建设目标

1. 职能域业务分析

定义描述安全生产范畴内的各个职能域,这些职能域具体是指矿山生产过程中的一些主要业务活动领域,如地表沉降监测、充填管监测、通风系统监测、供电监测等。分析定义业务模型的第二层结构即各职能域所包含的业务过程,识别列出各业务过程所包含的业务活动,业务活动是系统功能分解后最基本、不可再分解的最小功能单元,每一个活动在很大程度上独立于其他活动,有清楚的时空界限,并且可以产生某种清晰可识别的结果。这样经过由粗到精的加工,然后从下向上复查、确认,最后确定出一个完整、适用和具有永久性的企业管理业务模型。

2. 职能域数据分析

对每个职能域绘出一、二级数据流程图,从而搞清楚职能域之间、职能域内部及职能域与外单位的信息流。数据流程图(data flow diagram,DFD)是结构化分析的重要方法,其中一级数据流程图是建立业务模型、调查记录某一职能域的内外信息流情况的手段,是从整个系统的高度,综合、整体地观察每一个职能域,通过数据流将一些职能域连接起来,从而形成对系统的整体认识；二级数据流程图是某一职能域中业务过程和数据需求的进一步调查的记录。

（1）分析并规范用户视图。用户视图是一些数据的集合，它反映了最终用户对数据实体的看法，其定义与规范化表述包括用户视图的标识、名称、组成及族码。

（2）进行各职能域输入、存储、输出数据流的量化分析。从用户视图的分析到数据流程图的绘制，都是在进行数据流的分析，但是还没有进行量化的分析。只有进行了数据流的量化分析，才能制定出科学的数据分布规则，进而提出数据存储设备和网络通信方案所需要的数据流数据。

3. 矿山安全生产监测监控数据资源标准

数据资源标准包括信息分类编码标准、数据库标准、数据元素标准。

1) 信息分类编码标准

信息分类编码（information classifying and coding）对象是一些最重要的数据元素，它们决定着信息的自动化处理、检索和传输的质量与效率。应遵照《国家经济信息系统设计与应用标准化规范》和《标准化工作导则 信息分类编码标准》（GB/T 7026—1986），按"国际/国家标准—行业标准—企业标准"序列，建立起全企业的信息分类编码标准。

为了方便信息分类编码的计算机化管理和支持数据处理与信息传输，将信息分类编码的对象划分为 3 类。

（1）A 类编码对象。在应用系统中不单独设码表文件，代码表寓于数据库基表中的编码对象。这类编码对象在具体的应用系统中有较多的使用，如客户编码、组织机构编码、业务编号等。

（2）B 类编码对象。在应用系统中单独设立代码表的编码对象。这类编码表一般都较大，像一些数据库基本表一样，在应用系统中往往是单独设立编码表。如中国行政区划代码、世界国家地区代码、文化程度代码等。

（3）C 类编码对象。在应用系统中有一些码表短小而使用频率很大的编码对象，如职工的性别代码、设备状况代码和客户大类代码等。将这些编码对象的码表统一设立编码文件进行管理。

2) 数据库标准

从数据的需求分析到数据模型的建立过程，也是建立信息资源管理基础标准的过程，在其后的数据库设计实现和各种编码表的建成使用，都是在执行信息资源管理基础标准。

3) 数据元素标准

数据元素（data elements）是最小的不可再分的信息单位，是数据对象的抽象。数据元素的定义是指要用一个简明的短语来描述一个数据元素的意义和用途，其一般结构是"修饰词—基本词—类别词"。数据元素名称是指数据元素的代码，是计算机和管理人员共同使用的标识。数据元素名称和数据元素定义在全系统中要保持一致，要控制同名异义和同义异名的数据元素。

3.5.3 矿山安全生产监测监控信息分类编码标准

矿山安全生产监测监控信息分类编码标准规定了矿山生产监测监控信息的分类与代

码,用以标识矿山生产监测监控信息,保证其在 IP 平台上存储及交换数据资源的一致性与唯一性,利于信息资源的共享与数据交换。适用于国家、省、市、县级矿山生产监测监控信息的管理工作与规划数据建库及数据交换。根据信息内容的属性或特征,将矿山生产监测监控信息按一定的原则和方法进行区分和归类,并建立起一定的分类系统和排列顺序,以便管理和使用信息。

在编制过程中,采取从最基本入手、逐步完善、逐步扩大的原则。在具体的制定过程中主要遵循如下几条原则。

1. 科学性原则

矿山安全生产监测监控信息分类编码标准各基本大类都采取从总到分、从一般到具体的等级分类方法。

2. 实用性原则

代码尽可能反映编码对象的特点,有助于记忆,便于填写。数字编码与字符编码各有特点,但数字、字符混合编码缺点突出:字符有大小写之分、键盘录入容易出错,所以一般尽量避免采用数字、字符混合编码。该标准完全采用数字编码方式。

3. 唯一性原则

矿山生产监测监控信息的编码是描述实体基本属性的唯一标识。例如,测点编码是矿山生产监测点的唯一标识,一个监测点只有一个测点编码;反之,一个测点编码只对应一个监测点。

4. 稳定性原则

该标准在总结和继承我国金属矿山行业安全生产管理工作中积累的丰富经验,吸收和借鉴国内外一些著名的分类编码标准的基础上,力求使其具有稳定性和兼容性。

5. 可扩展性原则

该标准的编码设计考虑到长远使用,在各类信息编码中留有适当的空间,以保证随着金属矿山行业安全生产管理的发展而进行扩充和调整,但不打乱原有的体系和合理的顺序。

6. 兼容性原则

涉及国家和采矿行业已颁布的标准,要采用已颁布的标准。与相关标准(原有编码、国家标准、部颁标准)必须协调一致。

7. 规范性原则

为了便于查询和检索,应在遵循科学性、实用性、唯一性、稳定性、可扩展性、兼容性及综合使用的原则上,建立合理的统一编码体系结构。该标准在金属矿山生产监测监控信息的编码中,采用统一格式的等长代码,编码的类型、结构及编写格式必须统一。

第4章 金川矿区数字化矿山三维可视化系统

4.1 系 统 简 介

三维可视化系统是运用计算机技术,在三维环境下,将空间信息管理、地质解译、空间分析和预测、地学统计、实体内容分析及图形可视化等工具结合起来,并用于地质分析的技术。它是随着地球空间信息技术的不断发展而发展起来的,由地质勘探、数学地质、地球物理、矿山测量、矿井地质、GIS、图形图像和科学计算可视化等学科交叉而形成的基于三维矿业软件的矿山三维可视化地质模型的研究与应用。

近年来,随着计算机技术的迅速发展,矿业软件在露天矿中的应用越来越广泛,这些软件的使用为采矿工作者在三维可视化模型的基础上进行辅助设计提供了一种可靠的依据。三维可视化模型的构建是地质资料集成和二次开发的最佳方法,具有形象、直观、准确、动态、信息丰富等特点,能改进对地质数据的理解和应用环境,提高信息的利用率和空间分析能力,为采矿工作者在三维空间中观察、分析地质现象及空间分布提供了一种手段。同时,对三维实体模型的分析还可进行储量计算、露天境界三维可视化建设方面研究,优化工程设计等工作,为生产计划编制和生产过程控制提供可靠的依据,因此,为解决矿山地质工作中数据表达、分析与利用的难题,矿山三维可视化研究有着重要的现实意义和实用价值。

1. 三维地质模型基本功能

三维地质模型的基本功能体现在以下 4 个方面:
(1) 可以形象地显示地表、地层、构造、矿体和巷道等三维模型。
(2) 可根据条件,对三维模型进行任意剖面或平面的切割。
(3) 可对矿体进行品位估值、矿体体积和储量的计算等。
(4) 模型应具有良好的兼容性和可扩充性等。

2. 可视化系统的作用

可视化系统的作用主要体现在以下 3 个方面。
(1) 在三维空间中分析各种数据及其异常特征,将这些数据进行综合叠加,寻找它们与成矿的关系,并结合相关成矿信息进行综合分析,更好地进行成矿预测。
(2) 结合品位模型,根据不同采场的品位分布情况对不同采场的出矿品位进行预测。在开拓设计中,利用三维可视化软件进行了开拓设计的优化,避免了开拓工程的浪费。
(3) 可以提供报告的资源/储量估算部分的相关图、表和数据。根据确定的工业指标,进行矿体的圈定,根据矿体的特点及工程的相关情况合理选择资源/储量估算方法,通过确定不同的参数,可以方便地对资源/储量进行分类,还可以对不同品位级别的资源/储量进行统计计算。对于共(伴)生矿产,还可以分矿种进行资源/储量估算,可以极大地提高工作效率。

4.2　工作原则与流程

作为资源开发型的矿山企业,在实现数字化矿山的过程中除应遵循系统建设六原则外还应遵循以下原则。

1. 真实性

在实现过程中,数据是实现的基础,应保证数据的真实性,为开展后续工作提供基础。

2. 准确性

在三维可视化实现中,数据应准确,在矿区不断开采的过程中,应对原有数据进行修正,保证其准确性。

3. 系统性

金川矿区数字化在总体目标的指引下,应始终保证其系统性,使整体工作有序开展。为了实现矿区三维可视化,需要测量、地质、采矿三个专业的相互配合,在具体的实现过程中各专业依据其相关规范具体实施。其流程如图 4.1 所示。

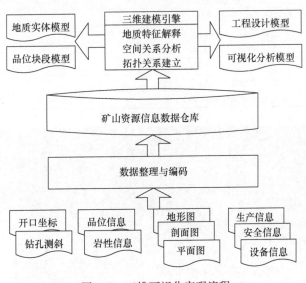

图 4.1　三维可视化实现流程

4.3　金川矿山数据库建立

结合金川矿山特点及实际工作经验,数字化矿山建设实施过程中对地质、测量、采矿工作各环节建立了相应的标准,以保证工作的有序开展。

4.4　阶段工作成果

按金川集团公司在"十二五"发展规划中提出的建设数字化矿山的任务与要求,开展了金川矿区数字化矿山建设。通过 Surpac 软件技术平台,建立、完善金川矿区三维矿体模型,从而更有利于进行三维可视化、回采设计、损失贫化管理和矿产储量动态化等管理。

4.4.1　地质数据库的建立

收集、整理资料,建立、更新、完善地质数据库,各矿山地质数据库完成情况见表4.1。其中金川Ⅰ矿区钻孔数据库与矿体三维显示如图4.2所示。

表 4.1　地质数据库资料统计

序号	资料名称	数量/个	完成单位
1	《甘肃省白家嘴子硫化铜镍矿床Ⅲ矿区地质勘探》钻孔	63	龙首矿
2	《甘肃省白家嘴子硫化铜镍矿床Ⅰ矿区地质勘探》钻孔	33	龙首矿
3	Ⅰ矿区生产勘探时期钻孔	169	龙首矿
4	系统取样、地质编录	78	龙首矿
5	地勘时期2~28行钻孔数据	76	二矿
6	1350m基建探矿钻孔数据	25	二矿
7	补充钻孔数据	11	二矿
8	二期基建探矿2~28行钻孔数据	92	二矿
9	850m基建探矿2~28行钻孔数据	94	二矿
10	F_{17}断层以东探矿(1200m水平以下)	56	三矿
11	F_{17}断层以西地勘时期钻孔	30	三矿
12	Ⅳ矿区地勘时期钻孔资料55个钻孔	55	金川镍钴研究设计院
13	Ⅳ矿区补充勘探时期钻孔资料22个钻孔	22	金川镍钴研究设计院

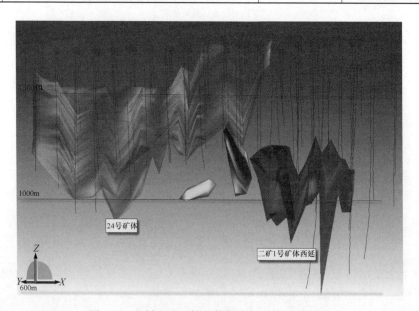

图 4.2　金川Ⅰ矿区钻孔数据库与矿体三维显示

通过利用矿区的地质剖面图、柱状图等资料,分别建立 F_{17} 断层以东 1200m 水平以下生产探矿钻孔数据和 F_{17} 断层以西地勘钻孔数据(表 4.2),生成相关数据表:F17YD1200_孔口表、F17YD1200_测斜表、F17YD1200_样品表、F17YD1200_地质表;F17YX_孔口表、F17YX_测斜表、F17YX_样品表、F17YX_地质表。据此建立了 F_{17} 断层以东 1200m 水平以下数据库和 F_{17} 断层以西数据库。

表 4.2 钻孔数据统计

项目	钻孔类别	钻孔数据/个	测斜数据/组	品位数据(Cu,Ni)/组	岩性特征/组
F_{17} 以东	探矿(1200m 水平以下)	56	56	2671	404
F_{17} 以西	地勘	30	644	4337	1193
合计	—	86	700	7008	1597

1. F_{17} 断层以东数据库的建立

把收集的 F_{17} 断层以东 1200m 水平以下基建探矿钻孔 56 个、测斜数据 56 组、样品品位数据 2671 组(Ni,Cu)、地质岩性特征 404 组,分别整理为 F17YD1200_孔口表、F17YD1200_测斜表、F17YD1200_样品表、F17YD1200_地质表 4 张 Excel 表,并将这些表转化成 *.CSV 格式。

在 Surpac 软件下建立 F_{17} 断层以东 1200m 水平以下地质数据库,数据库中分别建立 collar、survey、sample、geology 数据表与已完成的 4 张 Excel 表相对应(对应关系、表属性见表 4.3)。Excel 表中数据分别导入 4 张数据表中[图 4.3(a)collar 表和图 4.3(b)survey 表],纠错后即完成 F_{17} 断层以东钻孔数据库的建立[图 4.4(a)sample 表和图 4.4(b)geology 表],最后形成钻孔报告[图 4.5(a)报告界面和图 4.5(b)钻孔风格界面]。

表 4.3 数据表与 Excel 表对应关系及属性

数据表	属性对应关系	Excel 表
collar	孔号—孔号	孔口表
	Y—X(N)	
	X—Y	
	Z—Z	
	max_depth—最大孔深	
	hole_path—孔迹	
	kantanxian—勘探线号	
survey	孔号—孔号	测斜表
	depth—深度	
	dip—测斜倾角	
	azimuth—方位角	

续表

数据表	属性对应关系	Excel 表
sample	孔号—孔号	样品表
	样品编号—样号	
	深度_自—从	
	深度_至—至	
	Cu—Cu 品位/%	
	Ni—Ni 品位/%	
geology	孔号—孔号	地质表
	深度_自—从	
	深度_至—至	
	yanxing—岩性描述	

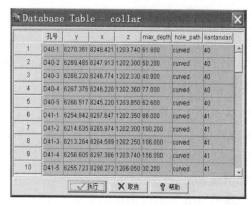

(a) collar 表

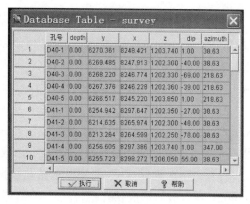

(b) survey 表

图 4.3　F_{17} 断层以东孔口、测斜地质模型的数据表

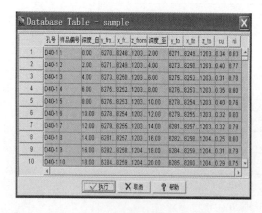

(a) sample 表

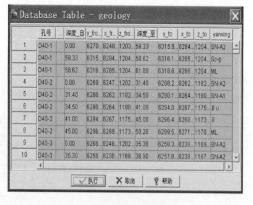

(b) geology 表

图 4.4　F_{17} 断层以东样品、地质地质模型的数据表

 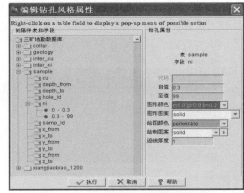

(a) 报告界面　　　　　　　　　　　　　　(b) 钻孔风格界面

图 4.5　数据库生成的结果

建成的数据库可在 Surpac 三维观察窗口中动态显示钻孔和样品属性,可以根据具体工作需要设置数据库中钻孔的显示风格(如 Cu 或 Ni 品位、岩性特征等)。最终三维显示如图 4.6 所示。

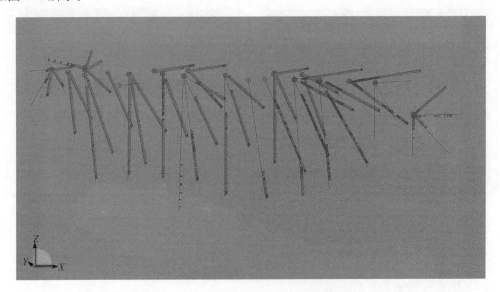

图 4.6　三矿区 F_{17} 断层以东 1200m 水平以下钻孔数据库三维显示

浅黑色代表 Ni 品位>0.3%

2. F_{17} 断层以西数据库的建立

把收集的 F_{17} 断层以西地勘钻孔 30 个、测斜数据 644 组、样品品位数据 4337 组(Ni,Cu)、地质岩性特征 1193 组,分别整理为 F17YX_孔口表、F17YX_测斜表、F17YX_样品表、F17YX_地质表 4 张 Excel 表,并将这些表转化成 ＊.CSV 格式。

在 Surpac 软件下建立 F_{17} 断层以西地质数据库,数据库中分别建立 collar、survey、

sample、geology 数据表与已完成的 4 张 Excel 表相对应[图 4.7(a)collar 表和图 4.7(b) survey 表、图 4.8(a)sample 表和图 4.8(b)geology 表]。Excel 表中数据导入新建的数据库中，纠错后即完成 F_{17} 断层以西钻孔数据库的建立(图 4.9)。

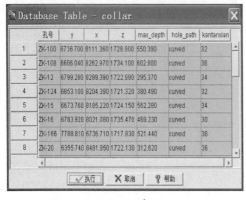

(a) collar 表

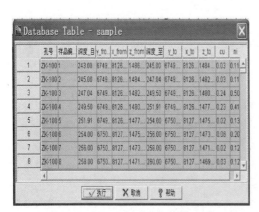

(b) survey 表

图 4.7　F_{17} 断层以西孔口、测斜地质模型的数据表

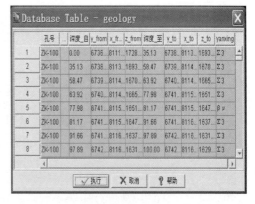

(a) sample 表　　　　　　　　　(b) geology 表

图 4.8　F_{17} 断层以西样品、地质地质模型的数据表

4.4.2　地质可视化模型

　　建立金川矿区矿体模型、构造模型(主要断层模型)、F_{17} 断层以东剖面线模型，如图 4.10～图 4.12 所示。采用 Surpac 矿业软件，按圈定原则圈定矿体，以 Ni 边界品位为 0.3%的地质剖面图圈定矿体，建立的 F_{17} 断层以东 1200～1050m 矿体、F_{17} 断层以西模型，如图 4.13 和图 4.14 所示。

　　利用剖面图件等相关资料中围岩、断层等数据，建立 F_{17} 断层以东 1200m 水平以下围岩模型和 F_{17} 断层模型，如图 4.15 和图 4.16 所示。

图 4.9　金川三矿区 F_{17} 断层以西钻孔数据库三维显示

黑色表示 Ni 品位$>$0.3%，白色表示 0$<$Ni$<$0.3%

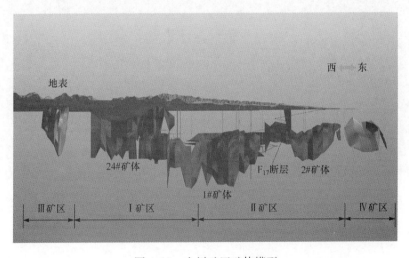

图 4.10　金川矿区矿体模型

4.4.3　矿块模型建立

　　龙首矿完成了东中采区 12.5m×12.5m×12.5m、西二采区 10m×10m×5m 块模型建立；二矿区完成了单元块的设计工作，利用已编辑好的钻孔数据库的钻孔组合样信息、各类地质线文件、1♯矿体表面模型等基础资料，完成了 5m×5m×5m 的块体模型的建立；三矿区建立了 10m×10m×5m 矿块模型；金川镍钴研究设计院建立了Ⅳ矿区 10m×10m×10m 矿体模型，如图 4.17 所示，并完成了 1m×1m×1m 的矿块模型的建立。

图 4.11　金川矿区主要断层模型

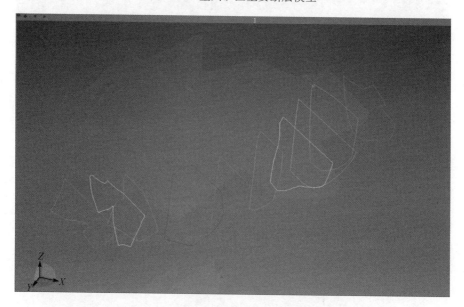

图 4.12　金川矿区 F_{17} 断层以东 40～52 行剖面线

4.4.4　采空区模型的建立

　　龙首矿通过对已采采场的地质实测平面图矢量化图件高程赋值,建立完成了东采区 1160m 中段和中西采区 1280m 中段所有采场实体模型(图 4.18);二矿区采空区模型是利用数字化仪矢量化采空区的板图和全站仪等获得的进路表面上的采样点数据,利用 Surpac 软件的实体模型功能恢复采空区的实体模型,主要完成各个盘区的充填进路叠加模型和整个采空区的充填体模型(图 4.19)。

　　金川三矿区建立采掘工程量验收数据的实体模型,通过导入全站仪、GPS 及经纬仪等测量数据,利用 Surpac 软件工作平台自动生成井下采掘工程三维模型,从而更方便地进行采掘工程量、贫化率等计算工作,有效提高矿山数字化、信息化水平。建立的采空区

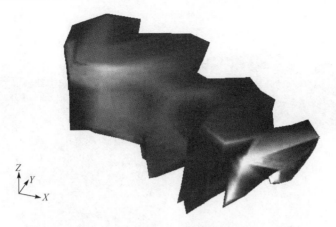

图 4.13　金川矿区 F_{17} 断层以东 1200～1050m 矿体模型

图 4.14　金川矿区 F_{17} 断层以西矿体模型

图 4.15　金川矿区 F_{17} 断层以东 1200m 水平以下围岩模型

模型如下。

1. F_{17} 断层以西采空区模型

建立 F_{17} 断层以西 33～39 行、标高为 1200～1410m 水平的采空区模型,如图 4.20 所示。

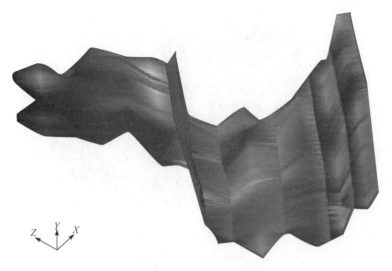

图 4.16 金川矿区 F_{17} 断层

图 4.17 金川镍矿 Ⅳ 矿区 10m×10m×10m 矿块模型

2. F_{17} 断层以东采空区模型

建立 F_{17} 断层以东 40～52 行的采空区模型,如图 4.21 所示。

4.4.5 地表及地表工程模型的建立

矿山地表实体模型已经收集了矿区原有地形图,完成对矿区主要的建筑物、构筑物高度、结构、层数等属性的调查工作,在原地形图上提取建筑物平面形状线文件,赋值高程,采用实体建模方法,建立了部分地表公路及地表建筑物等模型,如图 4.22 所示。

图 4.18　金川矿区龙首矿 1280m 中段 728~722m 采场采空区模型

图 4.19　金川二矿区采空区整体效果图

图 4.20　金川矿区 F_{17} 断层以西采空区模型

图 4.21　金川矿区 F_{17} 断层以东采空区模型

图 4.22　金川Ⅳ矿区地表、地表建筑及地表公路模型

4.4.6　井巷工程可视化模型

收集金川矿山现有工程的实测图、采矿工程设计图等资料,对其进行数字化处理,导入 Surpac 软件建立井下工程模型。

龙首矿对完成的矿山工程模型进行梳理,完成了提升运输[图 4.23(a)]、充填[图 4.23(b)]、通风系统等各子系统的工程模型。

根据工程初设图纸及现场实测图的资料建立了三矿区 F_{17} 断层以东 1050m 中段、1130m 分段、1150m 中段、1172.5m 分段、1200m 中段、1250m 分段工程模型;F_{17} 断层以西 1300m 水平、1350m 水平、1400m 水平工程模型及三矿区斜坡道工程、1150m 分段转段措施工程、1150~1050m 分段百米溜井工程的模型图;并对各个中段分段工程模型按照 8

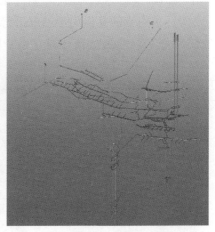

(a) 龙首矿提升运输系统工程模型　　　　　　(b) 龙首矿充填系统工程模型

图 4.23　龙首矿工程模型

大系统分类,建立的三矿区开拓系统、充填系统、运输系统、排水排泥系统、通风系统、提升系统等工程的模型如图 4.24 所示。

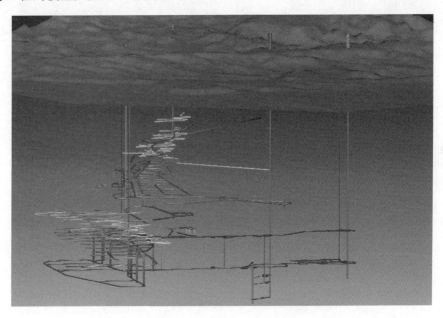

图 4.24　地表及开拓工程模型

4.4.7　采掘工程量计算

自全站仪全面推广使用以来,各矿山按照边建模边应用的原则,将传统的工程量验收算量改为直接利用全站仪实测的结果进行计算机成图和出具验收结果。在此过程中,从软件初步应用到形成一套相对较为完善、系统的方法和工作流程,并不断完善检核措施,使该项应用逐步趋于成熟。

在金川三矿区,通过 Surpac 软件平台和全站仪完成其采掘工程量的计算。首先,测量工作人员对回采完毕的巷道用全站仪进行现场三维测点,通过软件接口把全站仪数据导入软件中,然后对数据进行处理建立采空区实体模型,从而计算实际的矿体体积和矿量,这样大大减小了以往用手工皮尺度量采空区的长、宽、高计算体积和矿量的误差。矿山采掘进路三维数据点采集及进路采空区实体模型如图 4.25 所示。进路实体建模报告如图 4.26 所示。

(a) 进路三维数据点采集

(b) 进路采空区实体模型

图 4.25 金川进路采空区建模

实体建模的体报告		
层名字:42#进路0.str		
体:1 三角网:1		
已验证=真实的		状态=实体
三角网范围		
X 最小:8546.620 X 最大:8574.728		
Y 最小:6122.638 Y 最大:6153.313		
Z 最小:1159.137 Z 最大:1163.826		
表面积:687		
体积:757		

图 4.26 进路实体建模报告

4.4.8 绘制实测平面

利用建立的采空区三维模型,运用等值线法或切割剖面法绘制实测平面图,结合 AutoCAD 软件,加载各类型的属性信息,图 4.27 所示为通过软件绘制的平面图。

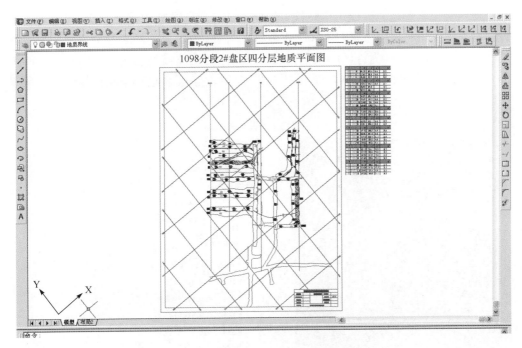

图 4.27　采用绘图软件绘制的实测平面图

4.4.9　贫化率量化管理

贫化量计算主要针对二、三期进路进行。为了准确测定出回采过程中的贫化率，通过三维数据的采集，使用 Surpac 软件，作出每条进路的三维实体模型，相邻进路的立体相交部分即回采过程中的一次贫化量，对于三期进路，则需将两侧的立体相交部分分别进行体积运算并求和，最后输出其体积报告，便可准确计算出贫化量，真实地反映出回采过程中的贫化情况，如图 4.28 所示。

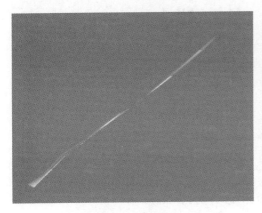

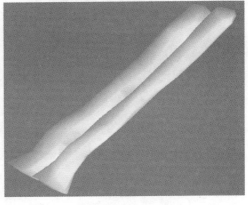

(a) 二期进路回采过程混凝土量图示　　　　　　(b) 相邻进路的实体模型

图 4.28　金川二期相邻进路实体模型与混凝土计算量显示

　　三矿区贫化率管理主要通过全站仪对一期、二期、三期进路的三维测点，利用 Surpac 软件平台准确作出三维模型，使用 Surpac 软件的合并、相交等功能来管理进路回采过程中的贫化工作。图 4.29 为盘区回采中相邻两条进路的实体模型和报告显示，图 4.30 为进路合并的实体模型和报告显示，图 4.31 为回采 59♯ 与 60♯ 吃灰量实体模型和吃灰量模型实体报告。

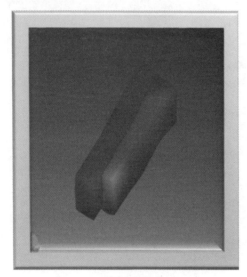

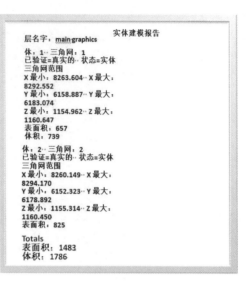

(a) 进路实体模型　　　　　　　　　　　　(b) 实体模型计算报告

图 4.29　盘区回采中 60♯ 与 59♯ 相邻进路实体模型和报告显示

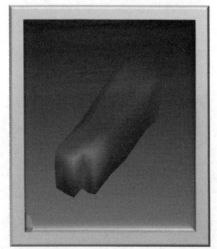

(a) 进路实体模型　　　　　　　　　　　　(b) 实体模型计算报告

图 4.30　60♯ 与 59♯ 进路合并的实体模型和报告显示

(a) 进路吃灰量实体模型　　　　　　　　(b) 实体模型计算报告

图 4.31　回采 59♯ 与 60♯ 吃灰量实体模型和吃灰量模型实体报告

4.4.10　工程质量评价

在传统的采场工程质量管理中,采场超宽量的标定是用采场的平均宽度减去设计宽度再乘上平均高度粗略计算而得,其缺点是结果误差大,不能真实地反映实际情况。

通过地质建模使工程质量的管理实现了量化,具体方法是利用 Surpac 软件作出采场进路的回采实体模型和设计实体模型,通过实体相交功能,便可准确、快捷地输出超过设计部分的实体。目前二矿区运行的工程质量管理规定中要求进路两帮不得超过设计的 0.2m,底板不得超过设计腰线的 1.7m,地测人员严格按规定计算出不符合设计的偏宽量、超挖量,真实地反映出矿体的回采情况和工程质量量化数据,对工程质量的管理进行技术指导并作为优质进路评价的主要依据。图 4.32(a)为进路设计实体模型和回采实体模型,图 4.32(b)为根据设计实体模型和回采实体模型计算出来的偏宽、超挖实体空间。

4.4.11　矿石堆场动态管理

为缓解矿山采矿与选矿处理能力之间的供求矛盾,保持矿山企业生产的持续、稳定,矿区或选矿区都在地表设置了矿石临时堆放点(矿石堆场)。矿石堆场的矿量始终处于一个动态管理的状态,需不定期对堆场的矿量进行测绘和计算。堆场的测绘是利用全站仪获取矿石堆场的真三维坐标,建立矿堆的三维模型,计算堆场的体积和矿石量,如图 4.33 所示。

4.4.12　切采设计

龙首矿尝试使用 Surpac 软件结合 AutoCAD 进行了 1007T 采场 4 分层 Surpac 软件切采设计,其效果如图 4.34 所示,1007T 采场 4 分层 Surpac 软件切采设计与矿体的相对关系如图 4.35 所示。

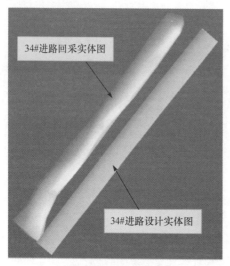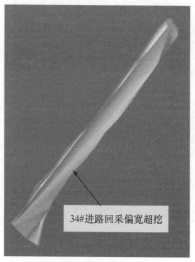

(a) 实体模型与设计模型　　　　　　　　(b) 回采过程的偏宽及超挖

图 4.32　实体模型与设计模型图及回采过程中偏宽及超挖量

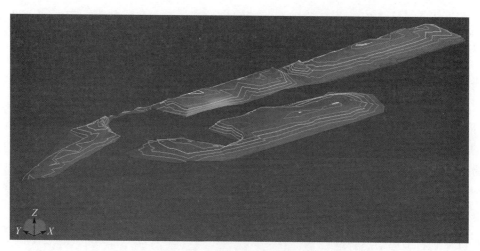

图 4.33　洗罐线矿石堆场模型

4.4.13　工程设计工作中的应用

金川镍钴研究设计院利用数字化矿山建立的工程模型,为部分工程设计提供参考。例如,2011 年由汤中立院士主持的大陆深钻金川二矿区选址项目中,在建立的各类工程模型的基础上,将设计钻孔直观快捷地补充模拟到模型中,简化了通过查阅大量资料,不断论证设计钻孔合理性的繁杂工作,同时也将这项工作对整体生产进度的影响降低到最低水平,如图 4.36 和图 4.37 所示。

图 4.34　1007T 采场 4 分层 Surpac 软件切采设计

图 4.35　1007T 采场 4 分层 Surpac 软件切采设计与矿体位置关系

4.4.14　矿山品位预测中的应用

　　金川镍钴设计研究院采用 Surpac 软件对 2012 年金川各矿山计划出矿品位进行了预测,计算结果与传统方法存在差异,通过二矿区实际出矿品位运行监测数据与两种方法进行对比后发现,采用传统地质块段计算的平均品位与实际存在差异,实践证明,使用 Surpac 软件计算结果更准确,方法更快捷,更具有可执行性。2012 年金川二矿区出矿品位预测图如图 4.38 所示。

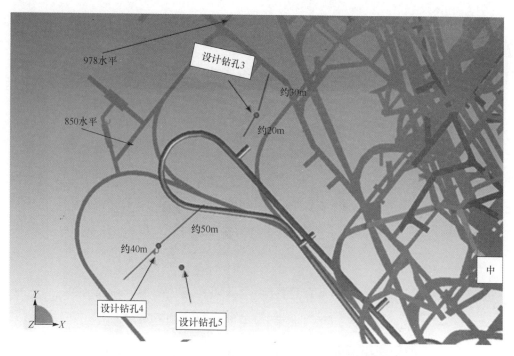

图 4.36　设计钻孔位置与已有工程关系俯视图（局部放大）

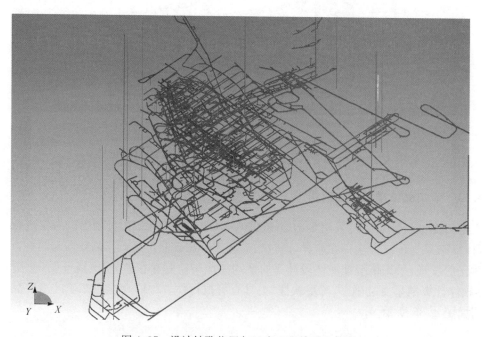

图 4.37　设计钻孔位置与已有工程关系立体图

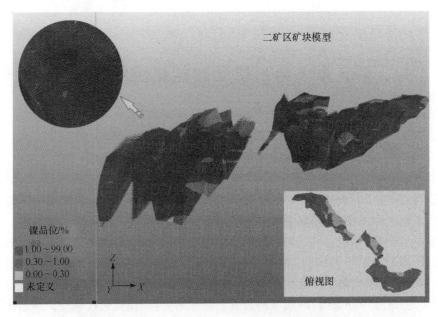

图 4.38　2012 年金川二矿区出矿品位预测图

第5章 金川矿区智能化控制系统

5.1 提升机远程集中控制

5.1.1 系统简介

三矿区提升机集中智能化控制采用"集中监测、分散控制"的典型控制模式,将5套提升机设备(44行主井提升机、46行副井提升机、36行措施井提升机、粉矿回收井提升机及火车运矿平硐无极绳绞车)控制系统分为3个层次,即设备层、控制层和管理层。每个层次中使用不同的网络结构及软硬件配置,通过采用西门子 PLC、工控机、现场检测仪表及开关、光纤、PROFIBUS 总线控制技术组成建立集中化控制总站,5套提升机控制系统作为分站,构建提升系统集中智能化控制系统;通过调整减速距离、井口信号系统的连锁功能,缩短罐笼在中段间的运行时间和从发罐到动罐的休止时间;通过补充完善系统的各种保护功能及巡检人员在现场点检的情况经以太网上传至上位监控计算机建立点检系统,决定设备的运行/检修形式,降低故障率并缩短故障的维修时间,从而提高提升机工作效率;通过将虹膜考勤系统应用于46行副井人员上下井考勤,规范了职工按时上下井的工作习惯,实现对上下井人员信息的准确统计、查询,有利于矿山井下的安全生产。

视频监控网络监控系统21个监测点,主要监测各个水平、井口、井底及绞车房的情况,可以直观地看到现场视频,为系统的安全运行提供了一种补充监测手段。视频信号通过计算机网络来传输,通过智能化的计算机软件来处理,在以太网络的任何节点上,均可监测现场情况。

采用西门子公司 SIMOVERT MASTERDRIVES 的 6SE70 系列矢量控制变频系统改造 1050m 粉矿回收提升机控制系统的电机转子串电阻调速方式。

5.1.2 提升系统集中控制的网络控制技术措施

提升系统集中控制的网络控制技术措施主要包括网络规划与扩容、提升机现场智能化控制与故障诊断系统、管理级的提升机集中控制系统及视频监控系统等内容。将提升系统的5套提升机设备控制系统分为设备层、控制层和管理层。每个层次中使用不同的网络结构及软硬件配置,以实现各自不同的功能。

1. 设备层网络

主要功能:设备层在整个控制系统的金字塔形结构中处于底层,是整个控制系统的关键环节。主要包括现场操作站、现场设备检测单元(接近开关、光电开关、一次检测仪表等)、现场其他输入设备和现场执行机构(如电动机、电磁阀等)等,直接或通过现场总线与控制层中的 PLC 相联系,将输入信号发送给 PLC,将 PLC 输出指令发送到现场设备。连接方式:直接点对点连接(PLC 与现场设备之间)。

相对于每套提升机的现场设备而言,包括控制系统、调速系统、信号系统等,都支持 PROFIBUS 协议。

2. 控制层网络

控制层是整个控制系统的核心,在整个控制系统中起着承上启下的作用。PLC 网络可使得控制层内各个 PLC 之间方便地进行数据交换。经过调试即可实现各 PLC 中的内部数据在 PLC 网络上的共享,主控 PLC 通过数据共享实现对现场各站 PLC 的监控,这样就完成了控制层的网络组建。

虽然所有的提升系统都要最终在集控室实现集中监控、管理和调度,但是需要保证管理层网络如果出现故障,现场级控制网络仍然能够安全运行,提升系统不能陷入瘫痪。因此,在每一套提升机的现场都采用现场总线系统,44 行、46 行、36 行、粉矿回收系统,火车平硐的现场控制层采用 PROFIBUS-DP 现场总线网络。每套提升机的现场总线系统彼此独立,同时与管理级网络系统进行通信,即使管理网络出现故障,也能保证现场的安全运行。

3. 管理层网络

为了保证管理网络的可靠性、可扩展性及开放性,采用技术成熟的工业以太网(Industrial Ethernet)网络系统。为了保证网络系统运行的快速实时性能和良好的抗干扰性,网络的传输介质采用光纤传输,网络结构为星型网。对于监控管理的人机界面,采用西门子公司的 WinCC 系统,它具有可靠的安全性、良好的开放性、广泛的兼容性。通过以太网与各个现场主 PLC 通信,以获得 PLC 网络共享数据,从而实现对现场各个受控设备的运行状况进行集中监控。

5.1.3 系统的主要功能

在现场及集控室的上位监控计算机上建立点检系统的功能如下。

1. 对主要工艺参数进行实时集中控制、显示和存档

工业控制计算机通过网络通信方式,集中获取现场的关键工艺参数(深度、速度、电流、油压等),井筒开关、深度指示器及限位开关动作状态,主井装、卸载设备各部分动作情况,进行实时在线显示,对主机及电控设备主要环节的工作情况进行监视,对提升过程进行控制,将采集到的信息按照要求进行存档。

2. 对生产过程的模拟显示

采用可视化编程技术,实时动态模拟显示提升运行过程,各种关键参数显示在醒目位置,使开车司机一目了然,确保安全可靠运行,并绘出工艺参数的趋势图,准确提供行程、速度、油压等数据,便于司机观察和操作。

3. 对生产过程的信息管理系统

各种生产情况、设备运行报表显示并记录。同时,对保存的数据信息进行查询,生成报表,并可以将结果打印出来。

5.2　运输系统远程集中控制

5.2.1　系统概述

系统以二级计算机网络为核心,在主控室对 1050m 大巷的矿车运输实现监控和自动调度。能实时显示井下大巷各列车位置、车号及信号灯、道岔状态和区段占用情况,指挥电机车安全运行。系统能随时反映每段设备和传感器的工作状态;故障自动诊断、报警,记录运行过程数据,能生成管理报表和列车循环图;整个系统无动触点,采用电隔离,可靠性高;基于 Windows 2000/XP 的操作系统的人机界面十分友好,操作方便,系统的联锁和管理功能完善。

5.2.2　系统组成结构

KJ293 系统是以集散式工控网络为核心的机车运输安全监控和自动调度系统,它依靠安装在轨道沿线的传感设备检测车辆的运行状况,由就近控制分站通过计算机网络传送到运输调度中心,在图形显示设备上以模拟图显示出来,供调度人员掌握,并且依靠计算机的记忆、判断和运算能力,将调度人员的调度意图分解为具体的控制指令,控制执行设备完成道岔位置与进路开放等调度动作,从而达到保障运输安全、提高指挥效率、增加经济效益的目的。

KJ293 系统所用的工控网络是多层总线星型混合结构的二级网络,主控室设在井下1050m 水平,主控机采用台湾研华系列工控机;控制分站安装在巷道井壁上,采用专用工业控制计算机;控制分站管理传感设备和执行设备。控制分站是由工业控制微型机组成的专用现场智能分站,每台控制分站都配有电源箱提供工作电源。

每台控制分站可以管理 4 个测控点,每个测控点可以包括 1 对计轴传感器、1 台收讯机、1 台信号机和 1 台电动转辙机。由于采用新式的无触点控制技术,系统省去了信号机与转辙机的控制箱,采用干线或就近供电及弱电直接控制的方法。

5.2.3　系统主要功能

系统的主要功能如下。

1. 基本闭锁功能

KJ293 系统包括区间联锁、敌对进路闭锁、信号机和电动转辙机联锁等"信、集、闭"的全部功能。

2. 可视化监测功能

控制主机设置在地面调度站,采用直观、清晰的显示终端作为机车监控模拟屏,在计算机终端和图形显示设备上以汉字、模拟图和表格等形式实时显示列车位置、车号、运行方向、车皮数及信号机状态、道岔位置和区段占用等运行状态信息。

3. 调度功能

对列车运行状况进行监控;给出列车位置、方向、车号、车类、车皮数等信息;实现“信、集、闭”的各种闭锁功能;实现自动、半自动和手控调度方案;对系统运行过程进行记录。调度车辆实现安全、高效运输,可以按当班调度员指定的运行计划,自动地指挥列车安全运行;也可由调度员视列车运行情况随时分区段和进路调度车辆。

4. 故障诊断功能

系统内各个设备之间的连接有故障安全处理措施,在显示器上能随时反映系统内设备的工作状态,自动诊断故障类型和故障发生位置,并发出醒目报警提示。能随时反映系统内设备和传感器的工作状态,能自动进行故障诊断并完成报警、处理或报警后由值班人员处理。

5. 重演功能

可以 24h 记录系统运行情况,并能根据记录的运行数据在显示设备上以随意速度重现指定时间内实际运输过程,为分析事故原因、改进调度策略提供依据。

6. 信息管理功能

在管理计算机上能自动打印各类有关的管理数据。可以对车皮进行自动统计管理及生产任务统计管理,并生成相关的生产管理报表。例如,闯红灯的车号、时间、地点;统计每班、每日各镍仓的出镍量等。

5.3　排水排污控制系统

对于涌水量较大的地下矿山,排水系统的运转能力直接影响矿山正常生产。通过对主排水装置进行建设改造,实现 PLC 自动控制及运行参数自动检测,动态显示,并将数据传送到地面中控室,进行实时监测及报警显示。

5.3.1　排水排泥方式

采场溢流水和中段运输巷道内的地下涌水,经水仓联络道流入水仓。沉淀后,清水通过设在水仓另一端的分水巷自流至吸水井,水泵排出地表。沉淀在水仓底部的泥沙用真空泵吸入储泥罐。储泥罐满后,再用压气将泥沙送入喂泥仓。喂泥仓内的泥沙自流入排泥管,由排水泵的高压水带到地表。

5.3.2　坑内排水排泥设施

排水排泥设施在 1050m 中段 46 行副井附近。水泵房、变电所、水仓和排泥设施,全部沿勘探线(垂直金川矿区地下最大主应力方向)平行布置。排水管未铺设在副井井筒内,而是通往钻孔直接通往地表。将坑内水及泥沙排入玉石沟,使污水、泥沙进入二矿区水系。在玉石沟下游的几道渗水坝,由二矿区用于绿化。水仓的容积为 800m³,用挡墙截成两段,进水段为沉淀仓,出水段为清水仓。在沉淀仓仍不能沉淀的微小颗粒,与清水一起直接排出。水仓的清理采用水环式真空泵,将泥吸到一个压气罐中,压气罐中的泥浆再放入大直径的厚壁钢管中,然后用水泵房的高压水将泥带走。坑内正常涌水量为 2000m³/d,最大涌水量为 3200m³/d。泵房底板标高 1050.5m,排水管出口标高为 1730m,高差为 679.5m。水泵采用 3 台 D160-120×7 型水泵,流量 160m³/h,最大扬程 840m,电机功率 630kW。正常排水和最大排水时均是 1 台工作,1 台备用,另 1 台检修。排水管采用 ϕ219mm×11mm 无缝钢管,共两条,1 条工作,1 条备用。排水管的中间一段为钻孔加套管的方式。排水管中的实际流速为 1.46m/s。46 行副井井底设 2 台 BIB02125.181 型深井潜水泵,将水排至 1050m 水平泵房的水仓,流量 32m³/h,最大扬程 45m,电机功率 8kW,两台潜水泵 1 台工作,1 台备用。东主井井底设 2 台 6699×8 型潜水泵,将水排至 1050m 水平泵房的水仓,流量 30m³/h,最大扬程 144m,电机功率 25kW,两台潜水泵 1 台工作,1 台备用。

水仓清理采用 1 台 SK-42 型水环式真空泵配套 1 个 4m³ 压气罐,真空泵电机功率 60kW,排泥的大直径厚壁钢管选用 ϕ402mm×28mm 无缝钢管,共设两条交替使用。

5.4　供配电系统

三矿区 F_{17} 断层以东井下 1050m 水平设有中央变电所,双回路引自地表动力厂 7♯ 变配电所,为单母线分段式运行方式。1050m 及以下水平电力供应,包括高压水泵、951m 粉矿回收、1000m 矿石皮带运输、1020m 破碎系统、1050m 放矿及有轨运输系统、电机车牵引用电等。

由中央变电所Ⅰ、Ⅱ段分别馈出一路高压形成回路至 1150m 水平采区变电所。1150m 水平采区变电所承担 1200m 充填回风道辅扇及充填用电、东部贫矿 1200～1250m 斜坡道开拓工程用电、1200m 水平水仓用电、1250m 返修用电、1150m 分段各采场生产用电、1150m 牵引用电、各水平返修、建设及巷道照明用电。

目前井下高压供电系统规范合理,各高压回路及高压用电设备保护齐全、灵敏有效;各级保护装置上下级配合整定,各回路整定合理、规范;1150m 采区变电所小电流接地选线装置有效地检测、控制接地故障,新设备、新技术的及时应用使供电系统安全稳定。

第6章 金川矿区网络通信系统

6.1 井下人员定位系统

6.1.1 系统简介

井下人员定位系统是集井下人员考勤、跟踪定位、灾后急救、日常管理等于一体的综合性运用系统。井下定位系统能够及时、准确地将井下各个区域人员及设备的动态情况反映到地面计算机系统,使管理人员能够随时掌握井下人员、设备的分布状况和每个矿工的运动轨迹,以便进行更合理的调度管理。当事故发生时,救援人员也可根据井下人员定位系统所提供的数据、图形,迅速了解有关人员的位置情况,及时采取相应的救援措施,提高应急救援工作的效率。

6.1.2 系统实施的意义和必要性

人员定位考勤系统主要用于井上、井下生产调度指挥、地面辅助部门的通信联络、人员实时定位跟踪和人员管理,是矿井安全生产调度、安全避险和应急救援的重要工具,联合其他自动化控制或监测系统对可能发生的灾变进行有效的预测和报警,与人员定位跟踪系统和井下通信指挥调度系统一起,根据应急避险预案,迅速有序高效地组织人员避险,最大限度地保证矿工人身安全,有效降低企业风险,提高企业的经济效益。目前国内矿井的定位手段及设备系统存在较多不足,例如,调度室无法知道矿井下人员的实时准确位置,矿难发生时无法及时为搜救提供准确的井下全部人员位置和移动路径的数据,矿井对利用相应的矿井人员跟踪定位设备,全天候对矿井入井人员进行实时自动跟踪和考勤,随时掌握每个员工在井下的位置及活动轨迹、全矿井下人员的位置分布情况等需求迫切。

矿山对于安全系统和信息化建设的需要迫切,及时、准确地获取井下人员位置信息,并保持与井下人员的联系以保证高效的指挥调度,合理应对突发事故进行抢险救灾,对于安全生产来说极为重要,主要体现在以下6点。

(1)随着信息化、自动化技术的发展和矿山企业对安全、高效的综合性工业生产系统的迫切需求,建设一个自动化、信息化水平较高的井下生产系统,符合国家对矿山生产的安全要求和金川集团公司二矿区企业生产规模的需求。

(2)搭建一套适合二矿区安全生产管理实际需求的"全网合一"(数据、视频、语音)的网络应用综合信息系统,为井下的移动语音通信、人员/车辆定位跟踪、主斜坡道车辆调度指挥、综合设备监控、综合安全监控、数字视频监控等应用提供便捷的功能支撑与网络连接。

(3)在方便部署管理,降低总投资成本的前提下,实现井下GSM无线语音覆盖通信。在现有固定电话通信的基础上,增加一套语音通信系统,增强调度指挥能力,可进一步提高井下的安全工作状况,实现短信危险事件报警,及时通知人员和车辆,进行主动避险和及时组织救援等。

(4)通过人员/车辆定位系统,可在地面调度指挥中心通过计算机终端和大屏显示查询人员和车辆在井下的具体区域,及时动态掌握井下现场生产人员的相关情况,并可进行统计考勤、事件日志报告等。

(5)通过主斜坡道交通信号控制及指挥系统,车载终端信号指示灯可实现车辆的有效避让,地面调度可及时动态掌握井下车辆行驶状况和交通情况,可对行车轨迹进行保存回放。

(6)集成和利用当代最新的信息通信技术、网络技术,缩小与国外矿业先进生产力的差距,实现矿山跨越式发展;力争把二矿区建设成具有国际先进水平和核心竞争力的管理科学的现代化坑采矿山。

6.1.3　系统功能结构

根据现场具体情况(如井下主要巷道、交叉道口、必经之路等重要位置)放置一定数量的矿用基站。典型情况下每隔 500m 放一台基站,可保证网络覆盖范围内无线手机移动通话。在条件较好的巷道内,其无线通信距离大于 1000m,此时可将两基站的距离适当拉大,而在条件十分恶劣的地区,可适当缩短基站之间的距离,使两基站的通信距离与通信状况调整到最佳状态。

下井人员佩戴一个矿用定位卡,当下井人员进入井下以后,只要在井下网络覆盖范围内,在任何时刻任意一点,基站都可以感应到信号,并上传到信息工作站,经过软件处理,得出各具体信息(如是谁、在哪个位置、具体时间);同时可将其动态显示(实时)在监控中心的大屏幕或计算机上,并做好备份。井上人员可随时了解井下人员的状态。管理者也可以根据大屏幕或计算机上的分布示意图查看某一区域,计算机即会把这一区域的人员情况统计并显示出来。管理者能实时观察到井下工作人员的即时位置,实现井下人员定位。一旦井下发生事故,可根据计算机中的人员定位分布信息马上查出事故地点的人员情况,以便帮助营救人员能够准确快速地营救出被困人员。一旦井下发生突发情况,井下人员可通过随身携带的定位仪(识别卡)发出警报。井下人员只要按定位仪上的报警按钮即可发出报警。在井上监控室的动态显示界面会立即弹出红色报警信号。

该系统将人员定位跟踪及考勤管理功能合二为一,既方便管理又可以降低系统成本。

1. 系统网络拓扑结构

二矿区井下综合信息化建设,按照整体规划、分步实施的原则,项目分两期建设。在主斜坡道口刷卡室、1150m 水平抢险器材硐室、1000m 水平 4#配电站、1672m 平硐口 4 个地方分别设置一台 OLT 设备(总计 4 台),分别负责相应区域的 ONU 连接,通过设置 8 台 ONU 设备,实现人员/车辆定位系统采用 CAN 总线进行连接拉远和将来综合信息系统的接入,主体网络结构如图 6.1 所示。

工程电源将统一采用 220V UPS 不间断交流电源供电,根据最终的负荷功率设计电

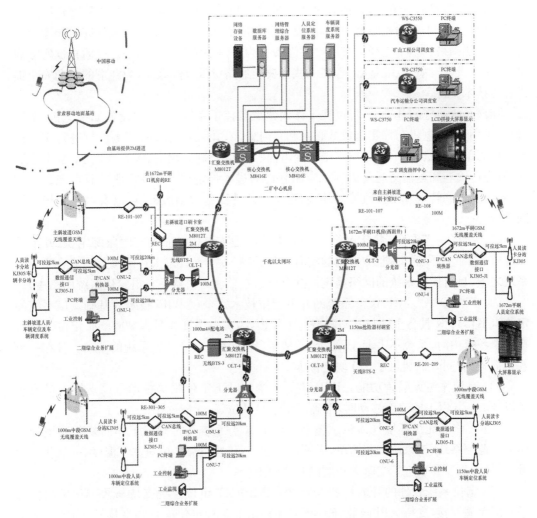

图 6.1 二矿区井下综合信息化网络拓扑

池满足后备时间 2h，以保证供电的可靠性。拉远设备的电源布线可与光缆和通信电缆同步敷设。

2. 系统功能

1）系统整体功能结构

系统整体功能主要有实时监控、精确定位、轨迹回放、井下报警、紧急撤离、考勤统计、远程管理和大屏显示。

2）基于 WiFi 技术的人员定位

人员定位采用世界最先进的 WiFi 技术，根据矿山的需要对人员定位系统进行相关设计和建设，并在此技术基础上，根据需要对矿山井下无轨设备行驶中防止对人员碰撞系统进行设计。

采用 WiFi 定位一体化的技术，实现井下人员实时语音调度，并确保系统实时检测井下人员数量,跟踪人员位置,查询人员历时轨迹。WiFi定位系统传输部分采用光纤网络环形结构与骨干千兆网相结合,在节约设备购置成本、降低设备维护难度的同时构建成为百兆高性能网络。整个光纤系统的硬件设备分为通信基站和光纤网络。以后根据实际需要,可在人员、车辆定位的基础上,在一些主要交通路口设置红绿灯,为井下的交通安全提供有力技术支持。

在该系统实施的基础上,可以在工作面建设监控子系统,对大型设备如铲运机、凿岩台车、矿用卡车、电机车等实施数据联网和实时监控,并可对更多的环境参数进行实时监测。根据单位现状,井下部分覆盖中央变电所、水泵房、避灾硐室、采区变电所、各中段溜井、轨道运输巷和运输交通要道等。应用软件通过人员定位(ICA)管理平台实现语音调度、人员定位和管理及视频监控、环境监测等。硬件设备包括服务器、语音网关和操作控制平台等。

(1)"四合一"系统。IMPACT系统将井下作业人员(车辆)的实时跟踪定位、井下的图像监控、井下环境气体监测数据的实时采集处理、井下光纤以太环网覆盖功能合于一个系统之中,且可保证系统的网络稳定性共享(监控、监测可搭载在人员定位系统网络中)。

(2)零漏卡率。IMPACT系统的井下定位技术完全以WiFi技术为基础。该系统的定位卡KJ530-K具备主动与基站联络的工作模式,可以保证在最大20000张定位卡运行在一个系统内时,系统不丢卡、不漏卡、不错卡,完全满足客户考勤系统的需求。且在一个基站周围,可同时识别超过516块定位卡。

(3)高速漫游无漏读功能。IMPACT系统的井下定位跟踪技术可以支持人员或车辆以30km/h以上的速度移动时,准确识别卡号及位置,无漏读。

(4)工作面无线环境气体传感覆盖。IMPACT系统支持井下工作面复杂环境的气体无线监测系统,该系统安装简单,无须通信线路,传输可靠。可对井下温度、一氧化碳含量、氧量等重要参数进行实时无线监测和实时上传。

(5)定位系统软件的开放性和兼容性。IMPACT定位系统支持与数字化矿山信息平台的无缝对接,支持API函数、Excel文件输出等各种定位信息共享技术,为矿山的信息二次开发和高效管理提供数据基础。系统也可支持矿用手机井下定位跟踪的功能,在定位软件上自动显示位置信息,实时统计。

(6)生命传感器功能。IMPACT定位系统支持对每个下井矿工"生命状态"的实时监测,当发生人员长时间静止不动时,定位卡可自动发射报警信息,对矿工实施营救。IMPACT定位系统支持对每一块定位卡的电量进行实时监测,当电池电量低于安全值时,系统将自动提示更换电池等信息,保证定位卡长期处于有效状态。

(7)双核CPU基站。IMPACT KT112-F矿用无线通信基站采用双核射频CPU,内置4口光纤以太网交换机的设计模式,系统无线容错性高,互联简单,耐用性强。

(8)全Harting航空接头,系统接线简单,维护量低。IMPACT系统采用井下全程Harting航空插头模式,井下接线无须打开设备,无须光缆融接,一次铺设成功,更换简单,维护量低。

(9)支持井下防撞系统。IMPACT系统可加装车载VIP防撞监测仪,可实时监测卡车胎压、温升、位置,周边人员距离等参数,确保生产车辆与生产人员保持有效距离,保障安全生产。

　　3）人员定位管理系统 ICA

　　系统符合 AQ6210 规范，人员、车辆、设备等可以通过标识卡进行管理。Mine Dash 地图定位管理界面监测系统具有携卡人员或设备出/入重点区域总数及人员或设备、出/入重点区域时刻、工作时间等显示、打印、查询等功能，并具有超时人员或设备总数报警、显示、打印和查询等功能。系统具有携卡人员或设备出/入限制区域总数及人员或设备、出/入限制区域时刻、滞留时间等显示、打印、查询、报警等功能。系统具有特种作业人员或设备等下井、进入重点区域总数及人员或设备、出/入时间、工作时间显示、打印、查询等功能，具有工作异常人员或设备总数及人员或设备、出/入时刻及工作时间等显示、打印、查询、报警等功能。系统具有携卡人员或设备在井下活动路线显示、打印、查询、异常报警等功能。系统具有携卡人员或设备卡号、姓名、身份证号码、出生年月、职务或工种、所在区队班组、主要工作地点、每月下井次数、下井时间、每天下井情况等显示、打印、查询等功能，也可按照部门、地域、时间、基站、人员或设备等分类查询、显示、打印等。

　　（1）存储。系统具有存储功能。包括：出/入井时刻；出/入重点区域时刻；出/入限制区域时刻；进入基站识别区时刻；出/入巷道分支时刻及方向；超员总数、起止时刻及人员或设备；超时人员或设备总数、起止时刻和人员或设备；工作异常人员或设备总数、起止时间和人员或设备；卡号、姓名、身份证号、出生年月、职务或工种、所在区队班组、主要工作地点。

　　（2）查询。系统具有查询功能。查询类别包括：按人员或设备查询；按时间查询；按地域查询；按识别区查询；按超时报警查询；按超员报警查询；按限制区域报警查询；按人员或设备分类查询；按工作异常查询；按部门查询；按工种查询。

　　（3）数据保护。系统具有防止修改实时数据和历史数据等存储功能（参数设置和页面设置除外），系统具有数据备份功能；系统软件可手动备份数据使之存储于硬盘中；基站具有数据存储功能；当系统通信中断时，基站存储标识卡的卡号和时间；当系统通信正常时，上传至地面监控主机。

　　（4）显示。系统具有中英文显示和提示功能；系统具有列表显示功能（显示内容包括下井人员或设备总数及人员或设备、重点区域人员或设备总数及人员或设备、超时报警人员或设备总数及人员或设备、限制区域报警人员或设备总数及人员或设备、特种作业人员或设备异常报警总数及人员或设备等）；系统具有模拟动画显示功能（显示内容包括巷道布置模拟图、人员或设备位置及姓名、超时报警、超员报警、进入限制区域报警、特种工作人员或设备工作异常报警等，具有漫游、总图加局部放大、分页显示等方式）；系统具有系统设备布置图显示功能（显示内容包括基站、电源箱、传输接口和电缆等设备的名称、相应的位置和运行状态等，若系统庞大一屏幕显示容纳不了，可漫游、分页或局部放大，图形采用矢量技术设计，缩放、平移无失真）。

　　（5）打印。系统具有汉字报表、初始化参数召唤打印功能（定时打印功能可选）。打印内容包括下井人员或设备总数及人员或设备、重点区域人员或设备总数及人员或设备、超时报警人员或设备总数及人员或设备、限制区域报警人员或设备总数及人员或设备、特种作业人员或设备异常报警总数及人员或设备、领导干部每月下井总数及时间统计。

（6）人机对话。系统具有人机对话功能，以便系统生成、参数修改、功能调用、图形编辑等；系统具有操作权限管理功能，对参数设置等必须使用密码操作，并具有操作记录，在任何显示模式下，均可直接进入所选的列表显示、模拟图显示、打印、参数设置、页面编辑、查询等模式。

（7）系统本质安全。自诊断功能：当基站出现故障时，系统应能诊断出故障，报警并记录故障时间和故障设备，以供查询和打印。备用电源功能：地面监控主机配备 UPS 电源，当交流电源停电时，UPS 电源应保证地面监控主机监控设备工作 2h 以上。井下基站由矿用电源供电，当交流电源停电时，电源内部备用电池保证基站正常工作，供电时间不小于 2h；双机切换功能，系统主机具有自动双机切换功能。当主机意外断电或故障时，备机自动切换；主机恢复正常，则自动切换回主机。

（8）网络功能。具有网络接口功能，将信息上传到上级主管部门；系统具有远程操作功能，可以通过企业网内任何计算机实现远程控制和查看；系统具有远程管理功能，可以对基站和手机等设备进行状态监控、软件升级等操作。

4）人员定位系统设置

通信基站安装在巷道或工作面，用来接收识别卡的无线信息，并将接收到的信息传送至上一个基站或传输接口，也将来自上一个基站/传输接口的信息发送至识别卡，或传输给下一个基站。当发生中毒或伤害事故时可以按报警按钮，求救信息随时到达井上调度系统。下达撤离时，撤离信息能及时通知到每个人。只有全井信号覆盖，求救和撤离才有实际意义。

（1）布置原则。一般设置在入井口、各中段巷道交叉口、巷道分支口、进入采掘面入口、进入危险区域入口、进入废弃巷道入口、禁止进入区域入口，以及其他需要特定检测的位置。

（2）员工发卡。遵循"统一发卡、统一装备、统一管理"的原则，将标识卡视为"上岗证"或"准入证"，准许上岗人员实行"一人一卡"制，但需有一定余量。

（3）井下基站分布。根据矿山人员上下井路径、人员主要工作地点及井下巷道情况，在副井井口、斜坡道入口、各中段马头门、硐室、作业面等地点安装具有进出方向、时间识别能力的读卡基站。读卡基站可通过膨胀螺丝或钢钉固定安装在井下巷道一侧墙壁上。具体基站安装可在现场根据实际情况安装。

3. 定位设备

1）矿用本安型通信基站

矿用本安型通信基站基本性能如下。

（1）工作电压为 DC 12～18V，功率 7.5W。

（2）基站本体外形尺寸（长×宽×高）为 410mm×375mm×73mm。

（3）质量约 4.5kg，防护等级为 IP64。

（4）防爆等级为 ExibI 本质安全型。

2）定位卡

定位卡的物理特性参数如下。

（1）外形尺寸（长×宽×高）为 62mm×40mm×17mm，质量约为 35g。

（2）防护等级为 IP65，防爆型式为矿用本安型。

（3）防爆标志为 ExibI，型式为便携式。

定位卡的基本功能如下。

（1）通过定位服务器实现定位。

（2）通过标识卡上的按键向定位服务器发出信息（可用于报警）。

（3）定位时间间隔为 125ms～3h，并且可调。

（4）可以实现防撞功能，此功能需要在机车上安装 IMPACT VIP 设备（车载无线数据收发器）。

6.1.4　项目分步实施

整个项目分两期完成。

1. 项目一期工程

1）建设内容

项目一期主要建设内容如下。

（1）建设 IP 千兆数据自愈环网系统，并充分考虑将来二期所需的各种综合业务的承载能力。

（2）建设二矿井下主斜坡道、1150m 中段、1000m 中段（覆盖面可延伸到分段道口）和 1672m 平硐 GSM 无线语音覆盖系统。

（3）建设主斜坡道、1150m 中段、1000m 中段（定位到分段道口）和 1672m 平硐井下人员及车辆定位管理系统。

（4）建设井下主斜坡道交通信号控制及指挥系统。

2）整体设计思路

根据二矿区主斜坡道设计图纸的标注和实地考查，主斜坡道从地表入口到井下 1150m 中段，经 1150m 水平巷道到 1000m 中段水平巷道，全长约 7km。设有 18 个会车避让段，7 个分段口与该主斜坡道相连，主斜坡道在 1150m 水平有两个平巷三岔道，在 1000m 水平有 1 个平巷三岔道。根据方案设计原则及控制要求，在主斜坡道各会让段及岔道口之间布置车辆定位器（预计为 76 个）和车辆"读头"。

项目采用存储有车辆信息和带行车指示的 RFID 车载终端来实现车辆的行车指挥和地面的统一调度，打破传统交通控制思维的约束，不需要在井下固定位置安装红绿灯指示设备，通过移动车载终端的"移动红绿灯"来指挥车辆行驶。对所有下井作业的车辆都安装车载终端，当车辆通过各区段车辆定位器和车辆"读头"时，通过网络与后台建立主斜坡道所有车辆的行驶位置和相关车辆信息，通过车辆调度系统服务器对所有车辆的位置信息进行相应的逻辑运算控制，并将行车信号及时地反馈到每台行驶车辆的车载终端行车指示灯，从而指挥车辆行驶。同时可在显示屏幕上了解车辆的运行状态、区段车辆状态等。

3）技术要点

主要采用 IP 千兆保护环＋EPON＋RFID 等目前最先进通信全业务融合技术进行设计，采用多系统共用千兆环网交换机和主干光缆的方法，实现 EPON 技术的使用与无线定位系统的融合。

（1）井下 IP 千兆数据自愈环网系统。选取二矿区中心机房、主斜坡道口刷卡室、1150m 水平抢险器材硐室、1000m 水平 4♯配电站、1672m 平硐口 5 个地方作为主通信承载环网的业务汇聚节点，各设置 1 台汇聚交换机，中心机房设置两台核心交换设备（A 主、B 备）和网络管理综合服务器，通过专业 AP 后台网管系统对 AP 数据流量、信号强度、网络连接测试和业务进行监控及管理。通过千兆交换设备将 EPON 的 IP 数据和无线 BTS 的 2M 数据上传到二矿中心机房，并承载到上层移动基站。采用环形组网方式，确保在单点设备故障或光纤局部断开等情况下，网络能够继续运行，IP 千兆数据自愈环网拓扑结构如图 6.2 所示。

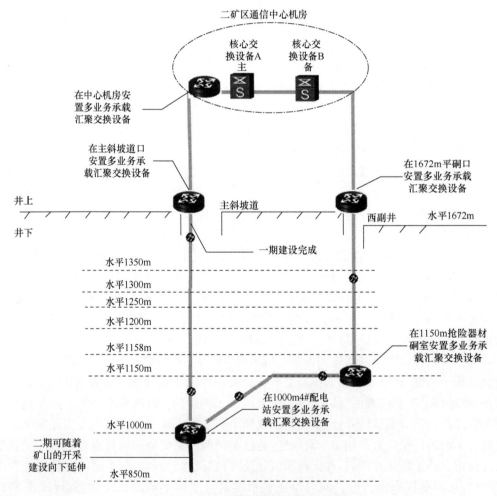

图 6.2　IP 千兆数据自愈环网拓扑结构

主干光缆敷设线路为中心机房(矿办公楼)→1672m 平硐→西副井井筒→1150m 中段→FA''$_1$ 风井→1000m 中段→主斜坡道→中心机房(矿办公楼)。竖井主干光缆采用 48 芯钢丝重铠光缆,平巷主干光缆采用 48 芯型轻铠光缆。分层拉远光缆按 12 芯及 24 芯布放。为便于分纤,均采用普通散纤型轻铠光缆。

(2) 井下 GSM 无线语音覆盖系统。项目一期对主斜坡道、1150m 中段、1000m 中段(覆盖面可延伸到分段道口)和 1672m 平硐进行 GSM 语音网络覆盖。系统由基站(BTS)、射频拉远近端设备(REC)、射频拉远远端设备(RE)等设备构成,再通过耦合器、功分器、电缆和巷道内无源分布天线将信号源分布于矿井主要区域,完成 GSM 语音信号覆盖,设备分布如图 6.3 所示。主要设备布放如下。

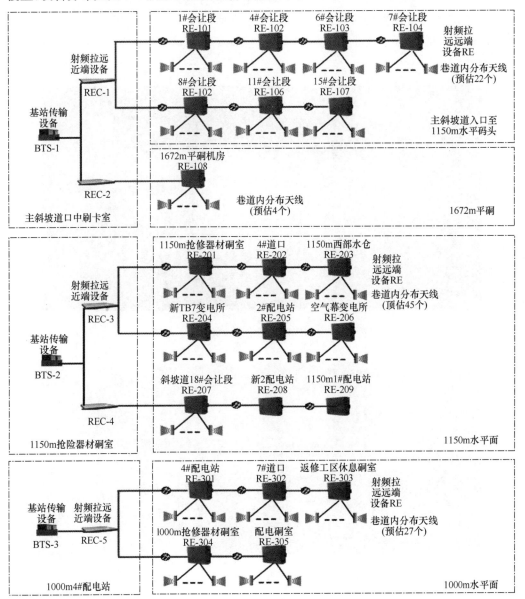

图 6.3　GSM 无线语音覆盖设备分布示意图

① 基站 BTS 传输设备 3 台、射频拉远近端设备 REC 共 5 个,其中设置在主斜坡道口刷卡室 2 个、1150m 水平抢险器材硐室 2 个、1000m 水平 4♯配电站 1 个。

② 井下射频拉远远端设备共 24 个,其中主斜坡道 7 个、1672m 平硐 1 个、1150m 水平面 9 个、1000m 水平面 5 个、冗余备用 2 个。

③ 巷道内无源分布天线共 102 个,其中主斜坡道 22 个、1672m 平硐 4 个、1150m 水平面 45 个、1000m 水平面 27 个、冗余备用 4 个。

(3) 井下人员车辆定位管理系统。在二矿办公楼二楼中心机房分别设置一台数据库服务器、人员/车辆定位系统服务器和车辆调度系统服务器,在二矿、汽车运输分公司和矿山工程公司调度室设置从站终端,详见二矿区井下综合信息化网络拓扑,如图 6.1 所示。同时在二矿调度室设置拼接大屏幕,如图 6.4 所示,1672m 平硐入口设置 LED 大屏幕(图 6.5),用来集中显示查询井下人员/车辆信息(如人员/车辆身份信息、定位信息、时间戳信息)。

图 6.4　金川二矿区调度室大屏幕显示系统

图 6.5　金川二矿区 1672m 平硐入口 LED 大屏幕显示

　　终端数据采集及定位采用射频识别(RFID)技术、CAN 总线设备技术和光纤环网 OLT 和 ONU 设备等网络通信技术。在主斜坡道(人员"读头"32 个、车辆"读头"26 个)、1150m 中段(人员"读头"37 个)、1000m 中段(人员"读头"36 个)和 1672m 平硐设置人员"读头"4 个(一种射频信号读卡器)。所有下井人员(包括司机)都配置一张人员射频定位信息卡(约 4500 张),同时车辆采取固定一张人员定位卡的方式。为了在主坡道实现车辆的行车指示和车辆调度,在每个车辆会让段两端安装车辆定位器和车辆"读头"(专门读取行进中的车辆),每台车辆配置带行驶指示灯的车载终端(约 250 个)。当人员/车辆经过"读头"时,射频信号读卡器将收发信号通过网络传送给地面调度和相应人员,当遇到紧急情况时,人员还可按射频定位信息卡上的紧急呼救按钮,发出求救信号,指示救援人员及时营救。所有设备的初步布置位置可详见附件:人员/车辆定位系统设备布置图。

　　(4) 井下主斜坡道交通信号控制及指挥系统。二矿区主斜坡道是连接地面与井下的主要物料运输的主干道、是矿山事故快速应急出口。井下斜坡道平均横断面(4~5×3~4)m²,直线坡度约 15°,运输车辆单道行驶,间隔几十米或几百米设有车辆避让段。据初步统计,各类车辆每天上下主斜坡道大约 400 次,由于矿山井下的特定环境,路况湿滑复杂、道路狭窄拐弯较多,避让难度较大,极易造成堵车、撞车、追尾等事故的发生。如果道路堵塞,将影响道路的运行效率,增加车辆的油料消耗,同时井上人员难以及时掌握井下汽车的动态分布及作业情况。

　　(5) 车辆控制指挥原则和逻辑。据《金川集团有限公司下井车辆及驾驶人员安全管理办法修正案》(金集制〔2009〕24 号)规定,平巷行车速度不得超过 25km/h,斜坡道、弯道速度不得超过 20km/h;运送爆炸物品的车辆速度不得超过 10km/h;生产作业区、视线不良的烟雾区车速不得超过 10km/h,并要鸣号警示。设计按照行驶速度 20km/h(5.5m/s)计算,在距离各会让段及岔道口 25m 之间设置车辆定位器,可给出 3s 的传输运算处理时间。

　　① 主斜坡干道控制指挥原则和逻辑。主斜坡干道控制指挥原则是接近会让段的车辆提前进入会让段,避让对面的来车。初步设计的逻辑控制原理如图 6.6 所示。A 车为下行车辆,B 车为上行车辆,绿灯指示车辆正常行驶,黄灯指示车辆等待,红灯指示车辆进入前面的会让段。控制逻辑描述见表 6.1。

　　② 岔道口控制指挥原则和逻辑。岔道口控制指挥原则是分支道车辆必须让主干道车辆先行通过,然后才能进入主干道行驶。初步设计的逻辑控制原理如图 6.7 所示。

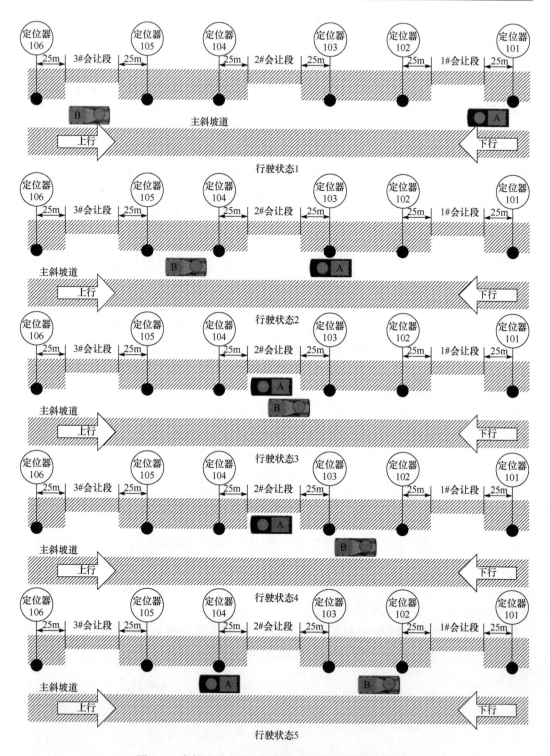

图 6.6　主斜坡道会让段控制指挥车辆行驶信号逻辑图

表 6.1　主斜坡道会让段控制指挥车辆行驶描述

行驶状态	A 车位置	B 车位置	A 车指示灯状态	B 车指示灯状态	行车描述
1	未进入 2♯会让段	未进入 2♯会让段	绿灯	绿灯	两车正常行驶
2	行驶到定位器 103	行驶在定位器 105 和 104 之间	红灯	绿灯	指示 A 车进入 2♯会让段,B 车正常前行
3	停在 2♯会让段	通过 2♯会让段	红灯	绿灯	A 车避让前方 B 车通过
4	停在 2♯会让段	行驶到定位器 103	绿灯	绿灯	A 车可驶出 2♯会让段正常前行,B 车正常前行
5	行驶到定位器 104	行驶在定位器 103 和 102 之间	绿灯	绿灯	A 车和 B 车都正常前行
备注	当两辆车分别同时到达定位器 103 和 104 时,逻辑可选择上行车为红灯,下行车为绿灯				

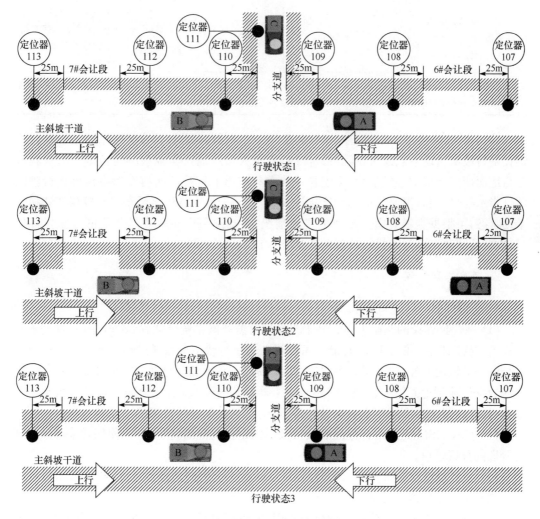

图 6.7　岔道口控制指挥车辆行驶信号逻辑图

　　A车为下行车辆,B车为上行车辆,C车为分支道车辆,岔道口同时可具备会让段会车的功能,其逻辑控制与会让段相同。控制逻辑描述见表6.2。

表 6.2　主斜坡道会让段控制指挥车辆行驶描述

行驶状态	A车位置	B车位置	C车位置	A车指示灯状态	B车指示灯状态	C车指示灯状态	行车描述
1	行驶在定位器108和109之间	行驶在定位器112和110之间	行驶到定位器111	绿灯	绿灯	黄灯	当主干道两定位点之间有车辆行驶时必须停在分支道,等待主干道车辆通过
2	未行驶在定位器108和109之间	未行驶在定位器112和110之间	行驶到定位器111	绿灯	绿灯	绿灯	当分支道两端主干道上无行驶车辆时,分支道C车可进入主干道
3	行驶到定位器109	行驶在定位器112和110之间	行驶到定位器111	红灯	绿灯	黄灯	指示A车进入分支道,B车正常前行,C车停在分支道等待。控制相当于把分支道作为会让段处理
备注	当主干道上A车或B车需进入分支道时,必须等分支道车辆进入主干道,主干道车辆才能进入分支道。主干道上先到岔道口的车辆先避让(在实施过程中还需进行进一步的逻辑编程处理,在此不再详述)						

　　③ 车辆故障状态下控制指挥原则和逻辑。车辆故障状态下的指挥原则是当某台车辆在主斜坡道出现不能及时排除的故障时,驾驶人员可通过车辆射频定位卡上的求救按钮给地面调度指挥中心发信号,系统自动向主斜坡道上行驶的所有车辆发出停止行驶的黄灯指示信号,同时报警给地面调度指挥人员,地面指挥人员可将系统的车辆指挥切换到手动状态,可根据主斜坡道上车辆的具体情况,手动给每台车辆发送相应的行驶指挥信号,同时给故障车辆派出排除故障的人员和车辆。

　　2. 项目二期工程

　　1) 建设内容

　　(1) 在一期建设的基础上,将IP千兆数据自愈环网系统延伸到850m中段,并完善井下设备的检测控制(增加PLC控制),可将设备的运行状态参数通过环网系统上传到地面进行统一的调度监控;将巷道各种温度、湿度、通风流量、粉尘浓度、温感烟感等综合安全检测数据传输到地面监控、变电所(站)、火工器材临时存放点、危险场所等进行数字视频监控,并将图像上传到调度室集中监控等,最终实现井下各种数据的采集和传送。

　　(2) 扩大GSM无线语音覆盖和人员及车辆定位的范围,根据实际使用需求可延伸到各分段的分层道口。

　　(3) 二矿小型交换机置换(必须在保证二矿区安全生产的条件下才能实施,所以考虑在一期移动通信完成后才能实施)。

　　(4) 逐步实现井下移动业务的综合应用,如可视电话、Internet应用、企业邮箱、手机报等员工关怀业务。

2）实施范围

待一期工程的 4 项建设内容全部实施完成，系统调试稳定运行后，在一期工程的基础上实现"GSM 无线语音"和"人员车辆定位"全覆盖。覆盖作业面为 1178m 分段、1158m 分段、1098m 分段、1078m 分段、978m 分段等，覆盖面延伸到分层道口。

用光纤从 1150m 抢险器材硐室 REC 分接 4 个 RE 分布于 1178m 分段、1158m 分段，实现 GSM 无线语音覆盖。在 1178m 分段、1158m 分段道口分别安装一个 ONU，用来连接人车定位系统数据接口，在各分段使用 CAN 总线连接人车定位信号采集器。经 1000～1150m 水平分斜坡道用光纤从 1000m4♯配电站 REC 分接 6 个 RE 分布于 1098m 分段、1078m 分段、978m 分段，实现 GSM 无线语音覆盖。在 1098m 分段、1078m 分段、978m 分段道口分别安装一个 ONU，用来连接人车定位系统数据接口，在各分段使用 CAN 总线连接人车定位信号采集器。

3）电源系统

在地面上二楼核心机房、1672m 平硐机房和主斜坡道入口刷卡室各设计一套 UPS 电源。在井下 1150m 平面新 2♯配电站和 1000m 平面 4♯配电站内为基站设备（BTS）各配置 UPS 电源一套。井下矿用变压器采用 RE、REC 及 ONU 等设备，供电采用矿用电缆从就近的 UPS 电源出线，经供电箱后拉远供电。矿方为系统提供三相三线制 380V 电源接入点，要求采用中性点不接地的配电方式为 UPS 提供输入电源。

6.2　工业电视监控系统

6.2.1　项目简介

工业电视监控系统在工业企业的安全和生产管理中是必不可少的。在厂区内，可以随时了解工作现场、重要设备及关键岗位的工作情况，实时了解真实情况，以便及时调度，指挥生产，使生产调度工作更加准确、及时，同时也减轻了生产调度人员的工作强度，减少调度指令的延迟和失误；同时有利于加强管理，避免发生安全生产事故，并可以在事后提供翔实资料，有利于事故的原因分析，落实责任，避免事故的再次发生。上述这些问题一直以来都是各级领导和生产管理部门所关心的问题。随着监控系统的设备、技术、理念等各方面的提升，结合生产、安全保卫管理部门要求的不断提高，需建立较大型、联网型、数字型的工业监控和安全保卫监控系统。

6.2.2　实施必要性、目的及意义

重要设施设备和工作生活区域的视频图像随时发到调度中心去，使得各级调度部门和厂区领导随时了解现场的人员工作信息，对于加强人员管理、安全生产都起到重要的补充作用。同时实现重要设施设备和工作区域及人员流动的视频监视和录像存储（根据国家安全规定，存储时间不可少于 7 天）；加强生产调度的效率和人员设施的安全性。公司内部各级有权限的领导和各厂的生产调度人员可随时了解到全厂生产过程中的设施设备人员操作和安全情况。为安全、生产和管理提供必要的视频数据和管理依据，可高效地提

高管理水平,改善工艺流程,同时也提升生产效率。

6.2.3 实施内容及技术方案

三矿区的工业视频监控系统主要应用在砂石车间、充填工区及矿山井下安全生产。其中砂石车间安装 25 台,充填工区 12 台,井下安全生产监控 43 台(集控系统 26 台,井下安全监控 16 台,46 行防洪沟 1 台),截至 2013 年年底累计安装工业视频监控器 80 台。

(1) 砂石车间视频监控设备(25 台)。2013 年对原有的视频监控系统进行检修,增加监控设备 6 台,修复原有损坏的 11 台,总计安装 25 台。主要为砂石新老系统砂仓加装 4 台、车间内部管理加装 2 台(砂石车间备件、材料仓库 1 台,办公区域安防监控 1 台),修复自砂石扩能改造系统加装视频监控设备以来损坏的 11 台。

(2) 充填工区视频监控(12 台)。为了满足充填工区地表生产系统管理的要求,沿着充填系统的工艺流程安装视频监控设备,新增监控设备 12 台,以满足工区内部监控地表生产系统的管理需求。充填工区井下视频监控系统已经纳入公司项目,并处于实施阶段,预计安装摄像监控设备 24 台。

(3) 防洪沟新增监控设备(1 台)。根据公司矿山井下处理废水的需要,在位于 46 行办公楼后防洪沟处加装摄像监控设备,以监视防洪沟坝体,防止雨水过大冲垮坝体影响下游生产单位。

(4) 井下安全监控、集控系统视频监控系统(42 台)。井下视频监控主要分布在 46 行、44 行井下的不同水平位置,用于安全生产监控 16 台,集控系统监控 26 台。

6.2.4 实施效果

(1) 总调度室主监控点、各车间分监控点都具有监视、录像、抓图、控制等功能,各车间系统必须满足施工图要求。

(2) 对生产过程和设备的运行进行实时监视功能。

(3) 对现场情况的全实时录像保存功能。

(4) 对重要具体的目标进行监视、抓图等功能。

(5) 云台镜头控制功能。

(6) 通过网络,领导可以随时随地在办公室内访问观看了解现场生产工作情况。

(7) 各所需监控地点设固定摄像机或云台摄像机,在各控制室显示的同时也可以在总调度室集中显示、存储、管理。

6.3 金川矿区工业以太网

三矿区通信系统主要由中国电信金昌分公司(以下简称电信公司)的固定电话和通过电信公司 6 个中继号程控交换设备实现转接的内线电话两部分构成。其中电信公司安装的固定电话主要分布在地表(由电信公司维护),通过中继号转接的内线电话主要分布在井下和各个工区办公点(由运输工区维护)。

　　矿内安装内线电话 304 部,地表 150 个(6000~6149)号段,井下 154 个(6150~6303)号段,主要按各个工区车间分配数量和排号顺序,每个工区地表和井下的实际分配量为 20 个(提升工区和运输工区因工作性质增加至 40 个),包含缓冲及障碍替换冗余量。其余主要分配给生活服务分公司(46 行、36 行)食堂、矿调度室、技术室、地测室、各个井下开发项目组。

第7章 金川二矿区紧急避险系统

紧急避险系统是指在矿山井下发生灾变时,为避灾人员安全避险提供生命保障的由避灾路线、紧急避险设施、设备和措施组成的有机整体。紧急避险设施是指在井下发生火灾、透水、冒顶等灾害事故时,为无法及时撤离的避险人员提供一个安全避险密闭空间,对外能够抵御高温烟气,隔绝有毒有害气体,对内提供氧气、食物、水,去除有毒有害气体,具有通信、照明等基本功能,创造生存基本条件,并为应急救援创造条件、赢得时间。紧急避险设施主要包括避灾硐室或救生舱。

根据规范要求,金属非金属地下矿山应建设完善紧急避险系统,其建设的内容主要包括为入井人员提供自救器、建设紧急避险设施、合理设置避灾路线、科学制订应急预案等,其中紧急避险设施的建设应进一步结合标准、规范和矿山的实际情况进行确定。

7.1 自救器配备

7.1.1 技术参数

根据《金属非金属地下矿山紧急避险系统建设规范》(AQ2033—2011)的要求,入井人员需配备额定防护时间不少于30min的自救器。因此,二矿区设计选用防护时间为30min的隔绝式压缩氧自救器。

7.1.2 配备数量

金川二矿区从事井下生产职工和管理人员共计约1684人(不包括外委施工队人员),其中本矿最大班人数约为1010人,矿山工程分公司在二矿区最大班人数为46人。按最大班入井总人数的110%配备自救器,二矿本矿共需自救器1010×1.1=1111(台);矿山工程分公司共需自救器46×1.1=51(台),共1162台。

7.2 避险设施建设方式及位置

7.2.1 紧急避险设施建设方式

根据规范要求,紧急避险设施的设计应遵循以下要求。

(1)紧急避险应遵循"撤离优先、避险就近"的原则。

(2)水文地质条件中等及复杂或有透水风险的地下矿山,应至少在最低生产中段设置紧急避险设施。

(3)生产中段在地面最低安全出口以下垂直距离超过300m的矿山,应在最低生产中段设置紧急避险设施。

(4)距中段安全出口实际距离超过2000m的生产中段,应设置紧急避险设施。

（5）应优先选择避灾硐室。

（6）一个班从事井下作业人数大于 400 人的矿山,需建不少于 40 人的紧急避险设施。

二矿区属大陆干旱性气候,降水量稀少,无常年地表水流,地下水主要补给来源为大气降水,通过岩石裂隙渗入地下形成基岩裂隙水,水文地质条件较为简单。二矿区各水平的生产采场距其水平的安全出口实际距离不超过 2000m。二矿区 850m 中段虽然未完全形成,但是 2013 年二季度后期最低生产中段距地表垂直距离 950m,超过了 300m。因此,二矿区应至少在最低生产中段即 850m 中段设置紧急避险设施。

对于二矿区,一个班从事井下作业人数最多为 1010 人。目前二矿区最低生产水平为 850m 水平,每班最多人数为 46 人。根据《金属非金属地下矿山紧急避险系统建设规范》(AQ2033—2011)应在 850m 水平设置一个不少于 40 人的紧急避险设施。

7.2.2　紧急避险设施方案比选

根据二矿区最低生产中段的特点及人员分布,提出两种紧急避险设施。

（1）方案一。由于救生舱的规格一般不多于 20 人,所以考虑在二矿区 850m 中段井底车场附近远离采动影响的围岩稳定的区域,开凿两个放置救生舱的硐室,两个硐室的位置不宜过近,以避免相邻硐室之间的应力扰动,在每个硐室中放置一套可容纳 20 人的救生舱。

（2）方案二。在二矿区 850m 中段井底车场附近远离采动影响的围岩稳定的区域,开凿一个可容纳 40 人的避灾硐室,并进行永久性支护,同时购置生存所需的相关设施安置于避灾硐室内。

两方案的比较见表 7.1。

表 7.1　二矿区 850m 中段避险设施比较

方案	方案一	方案二
优点	无须单独购买救生及生存供给设备,救生舱内配备有成套设备	容量大,可满足最多 40 人的避灾使用需求;只需开凿一个避灾硐室,工程量小;费用低
缺点	价格昂贵;单个救生舱容积有限;需开凿多个用于放置救生舱的硐室	需单独进行生存供给设备设施及防护设施的购买及安装
造价	500 万	160 万

考虑到目前供矿山使用的救生舱容纳人数较少,并且其体积较大,需要在井下新掘进硐室安放,移动及安装较复杂且价格昂贵,而避灾硐室则最大可以设计为 40 人规格,且其内的设备移动方便;从经济角度考虑,开凿避灾硐室购置相关生存供给设施的造价远低于购置救生舱。因此,综合考虑各方面因素,推荐方案二避灾硐室作为紧急避险设施。

7.2.3 紧急避险设施建设位置

根据二矿区的实际情况,紧急避险设施选择避灾硐室,另外在设计避灾硐室位置时,主要考虑以下两方面的影响因素。

(1) 避灾硐室的位置尽量靠近其所在生产中段人员较集中的地方。

(2) 避灾硐室应该设置在围岩稳定、支护良好的巷道中。

根据图 7.1 中所示的 850m 中段的情况,2013 年二季度二矿区最低生产中段 850m 中段,该中段回采 978m 分段,仅在 850m 水平,单班最多人员分布为 39 人。避灾硐室设置在人员较为集中的区域,同时考虑到避灾硐室本身的安全性要求较高,需要布置在围岩稳定的区域,即尽量远离受到采动影响的区域。考虑其他一些临时人员,设计容量为 40 人的避灾硐室。避灾硐室的设置情况见表 7.2,避灾硐室设置位置如图 7.1 所示。

表 7.2 金川二矿区 850m 水平避灾硐室的设置情况

中段或水平名称	施工人数/班	避灾系统建设的方式	避灾场所容纳的人数
850m	39 人	避灾硐室 1 个	40 人

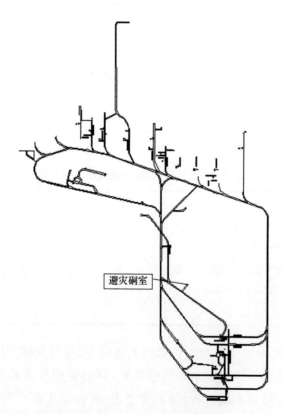

图 7.1 金川二矿区避灾硐室位置

7.3　避灾硐室设计方案

避灾硐室是为避灾人员安全避险提供生命保障的密闭空间,具有安全防护、氧气供给、有毒有害气体处理、通信、照明等基本功能,因此,避灾硐室在设计时主要考虑本身的安全性、密闭性和自给功能。

避灾硐室建设的基本要求如下。

(1) 避灾硐室是可提供不低于 96h 的安全防护时间的密闭空间,考虑到人员长期在密闭空间的生理和心理反应,设计避灾硐室具有较大的空间,高度不低于 2m,同时每个人具有不低于 $1.0m^2$ 的使用面积。

(2) 避灾硐室的空间较大,跨度也较大,考虑到避灾硐室本身安全性要求较高,因此整体采用单层喷锚网＋钢筋混凝土支护方式,支护厚度为 0.6m,以加强顶板和两帮的稳定性,防止受到采动或其他影响发生变形,同时使避灾硐室具有较为整洁的环境。

(3) 为了防止避灾硐室内积水,施工时,其地板距巷道的底板的高度差为 0.5m。

(4) 密闭性设计。避灾硐室应具有良好的密闭性,不但能够防止火灾等灾害发生时有毒有害气体的涌入,而且能够承受水害发生时所产生的水的静压及爆炸发生时所产生的冲击波。因此,设计避灾硐室进出口安装两道隔离密闭门(第一道隔离门为防水隔离门,第二道隔离门为防火隔离门),两道隔离密闭门均向外侧开启,内侧防火隔离门选择一般的防火门即可。

根据现在防水密闭门的规格,矿山常用防水门的压力等级分为 0.2MPa、0.6MPa、1.6MPa、2.5MPa、3.5MPa、4.5MPa、6.0MPa 七个等级。根据二矿区的实际情况,避灾硐室设置在 850m 中段,在 1000m 中段有出水口,由于矿山水文地质条件简单,没有水淹风险,所以决定采用最低规格的 0.2MPa 防水门,防火门的承压不低于 0.1MPa,见表 7.3。

表 7.3　二矿区 850m 中段避灾硐室防水门基本情况

序号	中段名称	外部防水门压力等级
1	850m 中段	0.2MPa

防水密闭门的安装首先要保证密封良好,由于整个避灾硐室采用混凝土砌碹支护方式,在进行混凝土浇筑时,直接将防水密闭门浇筑在混凝土内部。

(5) 按规范要求,矿井安全监测监控、人员定位、压风自救、供水施救、通信联络等系统有机联系,形成井下整体安全避险系统。矿井安全监测监控系统应对紧急避险设施的环境参数进行监测;矿井人员定位系统应能实时监测井下人员分布和进出紧急避险设施的情况;矿井压风自救系统应能为紧急避险设施供给足量压气;矿井供水施救系统应能在紧急情况下为避险人员供水,并为在紧急情况下输送液态营养物质创造条件;矿井通信联络系统应延伸至井下紧急避险设施内,并设置直通矿调度室的电话。

为了对避灾硐室内的空气质量进行监测,避灾硐室安装一氧化碳、二氧化碳、氧气及温度传感器;为其供电和用于传输数据的电缆则沿墙面布线,并与硐室外的监测监控系统融合。同时配备便携式多参数气体检测仪;在避灾硐室内安设一台定位分站或读卡器,用于避灾硐室内人数及进出情况的统计。压风、供水管道穿过混凝土密封墙接入避灾硐室内,并在压风管道上安设压风自救装置。

(6) 避灾硐室自给性要求。一方面,避灾硐室内应具备对有毒有害气体的处理能力和空气调节控制能力,避灾硐室内环境参数尽量满足:O_2 为 18.5% ～22.0%;CO≤24ppm[①];CO_2<1.0%;温度低于 35℃;湿度为 65%～85%。因此在避灾硐室内,设计安设有以下设备。

① 空气过滤净化装置及 CO_2 洗涤装置。

② 供氧装置。

③ 空调装置。

此外,避灾硐室应能满足避险人员在 96h 内的基本生存需求,因此避灾硐室内还设计有食物、水,座椅,急救箱、工具箱、人体排泄物收集处理装置等设施设备。

(7) 避灾硐室内的配备。

① 空气幕及喷淋装置。

② 摄像头。

③ 自救器。

④ 额定使用时间不少于 96h 的备用电源。

⑤ 逃生用一体式矿灯,数量不少于额定人数。

⑥ 相关设备设施的操作说明。

7.4　避灾硐室设计

7.4.1　避灾硐室规格及配置

避灾硐室断面形状为直墙半圆拱,规格为 27000mm×4000mm×2500mm(长×宽×高)(图 7.2)。避灾硐室外部的 6000mm 范围为过渡区,在此区域内分别安装两道密闭门,并在两道密闭门中间安设空气幕及喷淋装置,以进一步加强防护,防止有毒有害气体侵入;中间部分为人员聚集区;尾部为设备集中区。两道密闭门能够方便人员通过,并在密闭门的上部设计有透明的观察窗,方便避险人员对外部情况进行观察判断,决定是否离开避灾硐室进行逃生。

7.4.2　内部设备配备

避灾硐室内各种设备设施的布置方案如下。

(1) 在避灾硐室最内部的区域主要布置空气调节、净化装置和供氧装置。

---

① 1ppm=1×10^{-6},下同。

（2）考虑到尽量使空调装置出来的空气能覆盖较多的人员和范围，同时考虑到空调管路的布置及室外机的放置，将空调装置安装在避灾硐室靠近过渡室的位置，同时将空调装置的室外机放置在过渡室内。

（3）为了保证空气净化装置和CO_2洗涤装置的进风口不受其他设备的影响，将其布置在外侧，能够直接将人员呼出的气体过滤净化。

（4）压缩供氧系统（包括若干个氧气瓶及氧气释放控制装置）则放在空气净化装置向内的一侧。

为了保证硐室内氧气能够供应96h，氧气瓶的数量计算如下。

一个成年人正常情况下所需氧气量为0.5L/min，因此40人在96h内所需的氧气量为$0.5 \times 40 \times 60 \times 24 \times 4 = 115200$（L）。目前常见氧气瓶的规格为15MPa，40L的压缩氧，折算成正常气压下的氧气的体积为$(15 - 0.1) \times 40/0.1 = 5960$（L）。因此，在40人规格的避灾硐室内，共需要放置氧气瓶的数量为$115200 \div 5960 \approx 20$（瓶）。

（5）避灾硐室的中间区域设计为避险人员休息及活动场所，布置有4排座椅，每排10人，每个座椅的尺寸为$400mm \times 400mm$。

（6）避灾硐室靠近隔离门的区域则分别布置有食品及水、药品箱及工具箱等，在靠近隔离门的避灾硐室的角落区域为厕所，内部安设打包式坐便器。对于40人规格的避灾硐室，坐便器设计有3个，同时在厕所内部接入排气管道和排水管道，其直径分别设计为DN108mm和DN25mm。人员定位基站则安装在进入避灾硐室第二道防水密闭门的旁边，以统计避灾硐室内进出人员情况。

（7）压风管道和供水管道分别穿过避灾硐室与外界巷道之间的隔离墙接入避灾硐室内，其中供水管道只要延伸至避灾硐室内的集中供水点即可，集中供水点设置在厕所对面的角落区域。而压风管道在进入避灾硐室后，在管道上设置阀门用于控制硐室内压风系统的启停，压风管道沿着避灾硐室的底部边壁进行布置，使其能覆盖到整个避灾硐室，在压风管道上每隔一段距离布置压风自救装置。压风及供水管道的规格为DN108mm和DN25mm，在压风管道上安装8套压风自救装置，每套压风自救装置可同时供6人呼吸使用，1套备用，压风自救装置之间的距离设计为2.5m。

（8）监测监控系统接入避灾硐室内，对避灾硐室内的空气质量进行监测，安装的传感器有一氧化碳传感器、二氧化碳传感器、氧气传感器及温度传感器，所有传感器均安装在避灾硐室中间区域的两帮上，其中，一氧化碳传感器安装在靠近顶板的部分，距离顶板的距离为0.3m，二氧化碳传感器安装在靠近避灾硐室底板的位置，距离底板的距离为0.3m，氧气及温度传感器则安装在一氧化碳和二氧化碳传感器的中间位置。视频摄像头安装在避灾硐室另外一侧边壁上，尽量靠近避灾硐室的内侧，使全部避险人员能够纳入摄像头的监控范围，以便及时掌握避险人员的情况。

（9）在两道密闭门之间安设一个矿用荧光灯，在避灾硐室的厕所安设一个矿用荧光灯，避灾硐室生存室内，每隔4m安设一个矿用荧光灯，安装位置位于避灾硐室顶板中部，每个荧光灯为 12W。

7.4.3　自给性及密闭性设计

在正常情况下,硐室内设备的运行依靠外部供电,将巷道内的电缆接入避灾硐室内,为避灾硐室内的用电设备如空调、CO_2 洗涤装置等提供 220V 的交流电,同时在硐室配备 220V/12V 变压器及整流器,为人员定位基站提供 12V 的直流电。在紧急情况及事故情况下,为了保证避灾硐室本身具有较强的自给性,能在失去外部电源时,为硐室内供电,因此分别在避灾硐室内布置 4 组 UPS 电源。一组为矿用荧光灯供电,一组为空气过滤装置和 CO_2 洗涤装置供电,另外两组为空调供电,具体数量计算如下。

1. 矿用荧光灯 UPS 电源

6 个 12W 的矿用荧光灯在 96h 内所需要的电量为 $6 \times 12 \times 96 = 6912(W \cdot h)$。矿用荧光灯 UPS 电源规格选择为 2V、1000Ah,所需蓄电池的个数为 $6912 \div 1000 \div 2 \approx 4(节)$。

2. 空气过滤和 CO_2 洗涤装置用 UPS 电源

空气过滤装置的功率为 200W,CO_2 洗涤装置的功率为 1300W,总功率为 1500W,每天启动的时间约为 24h,4 天内所消耗的电量为 $1500 \times 24 \times 4 = 144000(W \cdot h)$。空气过滤和 CO_2 洗涤装置用 UPS 电源规格选用 2V、1000Ah,所需蓄电池的个数为 $144000 \div 1000 \div 2 = 72(节)$。

3. 空调用 UPS 电源

空调的功率为 2940W,在 4 天内所需的电量为 $4 \times 2940 \times 24 = 282240(W \cdot h)$。空调用 UPS 电源规格同样选用 2V、1000Ah,所需蓄电池的个数为 $282240 \div 1000 \div 2 \approx 142(节)$。为了组装方便,空气过滤和 CO_2 洗涤装置用 UPS 电源选择与空调 UPS 电源一致,即同为 72 节/组蓄电池。

由上述计算可知,避灾硐室内共需 4 组 UPS 电源组,其中供矿用荧光灯使用的 UPS 电源为 1 组 4 节蓄电池;供空气过滤和 CO_2 洗涤装置用 UPS 电源为 1 组 72 节蓄电池,靠近空气过滤和 CO_2 洗涤装置布置;供空调装置使用的 UPS 电源为两组 72 节蓄电池,布置在空调装置的附近。由于避灾硐室本身需要具有良好的密闭性,在避灾硐室入口设计有两道密闭门,两道密闭门的尺寸设计为 900mm×1800mm,能够方便人员通过,在防水密闭门的上部设计有透明的观察窗,方便避险人员对外部情况进行判断,决定是否离开避灾硐室进行自行逃生。

避灾硐室内部设备设施的安装布置位置的设计情况如图 7.2 所示。

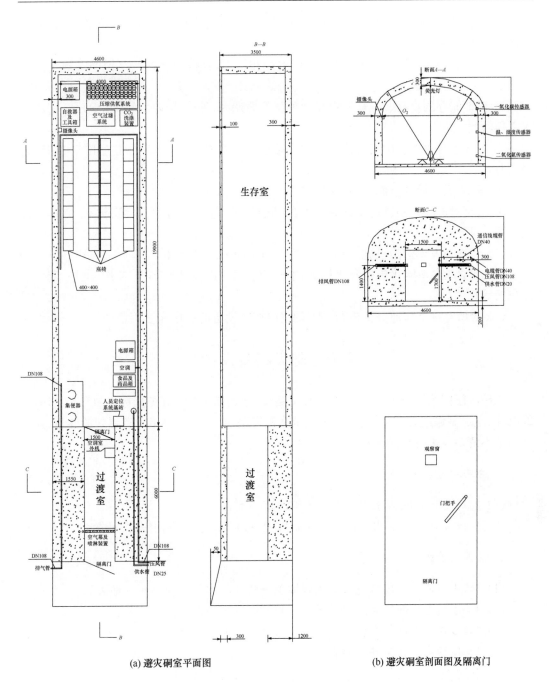

(a) 避灾硐室平面图　　　　(b) 避灾硐室剖面图及隔离门

图 7.2　金川二矿区 40 人避灾硐室设计图(单位:mm)

7.5　避灾硐室的维护与管理

避灾硐室的维护与管理具体内容如下:

(1) 避灾硐室外 20m 范围内应采用非可燃性材料支护。

（2）建立紧急避险系统管理制度，指派人员对紧急避险系统进行维护和管理，保证其始终处于正常待用状态。

（3）定期对避险设施及配套设备进行维护和检查，并按期更换产品说明书规定需要定期更换的部件及设备。

① 保证储存的食品、水、药品等始终处于保质期内，外包装应明确标示保质日期和下次更换时间。

② 每3个月对配备的气瓶进行1次余量检查及系统调试，气瓶内压力低于8MPa时应及时补气。

③ 每10天对设备电源（包括备用电源）进行1次检查和测试。

④ 每年对避险设施进行1次系统性的功能测试，包括气密性、电源、供氧、有害气体处理等。

（4）经检查发现避险设施不能正常使用时，应及时维护处理。

（5）建立紧急避险设施的技术档案，准确记录紧急避险设施安装、使用、维护、配件配品更换等相关信息。

（6）对所有井下作业员工进行避灾硐室内相关设备的操作和使用培训。

7.6　避灾路线设计

二矿区已按照相关的要求设计了避灾路线，还需按照《矿山安全标志》（GB 14161—2008）的规定制作避灾线路铭牌，并按规定在避灾路线上安装，对于已有铭牌的巷道，如铭牌显示不清楚需进行替换安装。

1. 主斜坡道系统

（1）主斜坡道1350m水平以上。主斜坡道→地表。

（2）主斜坡道1350m水平以下。主斜坡道→1150m水平→西副井→地表。

2. 皮带道系统

（1）1♯皮带道、2♯皮带尾部。主斜坡道→1150m水平→西副井→地表。

（2）2♯皮带道头部、3♯皮带道尾部。1150m水平→西副井→地表。

（3）3♯皮带道头部。主斜坡道→1150m水平→西副井→地表。

（4）4♯皮带道。西主井→地表。

3. 分斜坡道系统

分斜坡道→1150m水平→西副井→地表。

4. 1150m水平

西副井→地表。

5. 1000m 水平

（1）主斜坡道→1150m 水平→西副井→地表。
（2）分斜坡道→1150m 水平→西副井→地表。
（3）FA_1''/FA_2'' 进风井→1150m 水平→西副井→地表。

6. 1158m 分段

（1）1158m 分段 3♯盘区以东→措施斜坡道→1150m 水平→西副井→地表。
（2）1158m 分段 4♯盘区以西→分斜坡道→1150m 水平→西副井→地表。

7. 1078m 分段

（1）1078m 分段 3♯盘区以东→FA_1'' 进风井→1150m 水平→西副井→地表。
（2）1078m 分段 4♯盘区以西→FA_2'' 进风井→1150m 水平→西副井→地表。
（3）分斜坡道→1150m 水平→西副井→地表。

8. 978m 分段

分斜坡道→1000m 水平→主斜坡道→1150m 水平→西副井→地表。

7.7 应 急 预 案

　　紧急避险系统的建设还包括应急预案的编制，结合二矿区的实际情况，已经按照相关要求编制了事故应急预案，对事故的预防及应急救援处置方面作了详细的规定和阐释，仍需进一步完善其事故应急预案，增加安全避险"六大系统"在事故监测与预警、应急救援处置等方面的作用和处置措施。

第8章　金川二矿区压风自救系统

8.1　系 统 现 状

二矿区地面建有空压机站,空压机站共配置 5 台离心式空气压缩机,其中有 3 台 590DA3 型离心式空气压缩机,单台设计流量为 150m³/min;2 台 ZH6-5 型离心式空气压缩机,单台设计流量为 150m³/min。目前空压机站运行 3 台空压机,处理风量 450m³/min,供风压力为 0.65MPa。

压风系统管路经 1672m 平硐和(1672~1250m)钻孔(φ300mm 口径)至 1250m 水平,然后分三条:一条经(1250~1150m)钻孔至 1150m 中段及 1000m 中段;一条供 1250m 中段及以上;另一条经东副井供 1200m 水平。至 2013 年二季度 1250m 中段及以上已经不是生产中段,设计中不予考虑,同时 850m 中段在 2013 年第二季度前尚未完全形成,因此在设计中暂时不予考虑。

8.2　系 统 设 计

8.2.1　压风系统设计原则

根据规范要求,压风自救系统在设计时主要考虑以下几点。

(1) 压风自救系统尽量与生产压风系统共用,一方面能够减少矿方的投资,另一方面简化井下管道的布置,不影响井下通车行人及正常生产。

(2) 压风系统的空气压缩机尽量安装在地面,并能在 10min 内启动。空气压缩机安装在地面难以保证对井下作业地点有效供风时,可以安装在风源质量不受生产作业区域影响且围岩稳固、支护良好的井下地点。

(3) 压风管道需具有一定的强度,能够在灾害发生时不易被破坏,采用钢质材料或其他具有同等强度的阻燃材料。

(4) 压风管道敷设应牢固平直,并延伸到井下采掘作业场所、紧急避险设施、爆破时撤离人员集中地点等主要地点。

(5) 各主要生产中段和分段进风巷道的压风管道上每隔 200~300m 应安设一组三通及阀门。

(6) 独头掘进巷道距掘进工作面不大于 100m 处的压风管道上应安设一组三通及阀门,向外每隔 200~300m 应安设一组三通及阀门。

(7) 爆破时撤离人员集中地点的压风管道上应安设一组三通及阀门。

(8) 压风管道应接入紧急避险设施内,并安设阀门及过滤装置,压风出口压力为 0.1~0.3MPa,每个人的需风量不低于 0.3m³/min。

(9) 主压风管道中应安装油水分离器。

8.2.2　压风管道设计

基于以上原则,结合二矿区实际情况,压风管道设计如下。

原压风系统管路通过 $\phi400mm$ 口径的管道经 1672m 平硐和(1672~1250m)钻孔($\phi300mm$ 口径)至 1250m,然后分三条:一条经(1250~1150m)钻孔至 1150m 中段及 1000m 中段;一条供 1250m 中段及以上;另一条经东副井供 1200m 水平。

目前,二矿区 1150m 中段及 1200m 副中段,1078m 分段及 1150m 副中段即将闭段,因此不再新增风管管路。二矿区 1078m 以上各主要生产中段风水管路已经满足标准要求,不需再新增风水管路,1058m、1038m、958m 未敷设风水管路,850m 中段风管管路工程进入二矿区基建工程中,不在本设计中重复设计。

(1) 在地表空压机站出口及压风钻孔入口处各安装一台油水分离器。

(2) 在 1150m 中段经由 FA_1'' 进风井抵达 1078m 分段入口、1058m 分段入口、1000m 分段入口时安装三通及阀门,并向以上分段供风,在以上各分段内的压风管路上每隔 300m 安装三通及阀门。

(3) 在 1000m 水平供风管路,经由通风井抵达 978m 分段入口、958m 分段入口时安装三通及阀门,并向以上分段供风,在以上各分段内的压风管路上每隔 300m 安装三通及阀门。

(4) 850m 基建工程中压风管路敷设要到达避灾硐室,并进入避灾硐室内部,进入避灾硐室的压风管路管径不应小于设计要求。

8.2.3　需风量计算

1. 全矿最大需风量

二矿区井下紧急状态下最大需风量(Q_{max})按式(8.1)进行计算。

$$Q_{max}=K(N_1-N_2)q_1+KN_2q_2 \tag{8.1}$$

式中,K 为漏风系数,管网总长度小于 1km,取 1.1,总长度为 1.0~2.0km,取 1.15km,总长度大于 2km,取 1.2;N_1 为井下单班最多工作人数,人;q_1 为井下紧急状态下每人需要的新鲜风量,取 100L/min;N_2 为井下避灾硐室内人数,人;q_2 为井下紧急状态下避灾硐室内每人需要的新鲜风量,取 300L/min。

二矿区单班作业人员最多时为 1010 人,二矿区井下共有 1 个规格为 40 人的避灾硐室,主要用于 850m 中段的人员避险,因此根据式(8.1)可以计算出二矿区整个井下的最大需风量为

$$Q_{max}=1.2\times(1010-40)\times100+1.2\times80\times300=145200(L/min)$$
$$=145.2(m^3/min)=2.42(m^3/s)$$

2. 各生产中段需风量计算

按照式(8.1)进行计算可得到各生产中段应急状态下的需风量,计算结果见表 8.1。

二矿区现有空压机压风量能够满足紧急情况下井下的供风需求。

表 8.1　各中段干管及支管需风量

中段	管道名称	人数/人	最大需风量/(m³/min)
1600m 水平	1600m 水平压风管	8	0.96
1500m 水平	1500m 水平压风管	5	0.60
1350m 水平	1350m 水平压风管	12	1.44
1300m 水平	1300m 水平压风管	10	1.20
1250m 水平	1250m 水平压风管	12	1.44
1200m 副中段	1200m 副中段压风管	22	2.64
1198m 分段	1198m 分段压风管	0	0
1178m 分段	1178m 分段压风管	0	0
1158m 分段	1158m 分段压风管	110	13.20
1150m 平面	1150m 平面压风管	245	29.40
1138m 分段	1138m 分段压风管	0	0
1118m 分段	1118m 分段压风管	0	0
1100m 副中段	1100m 副中段压风管	50	6.00
1098m 分段	1098m 分段压风管	0	0
1078m 分段	1078m 分段压风管	110	13.20
1058m 分段	1058m 分段压风管	35	4.20
1038m 分段	1038m 分段压风管	35	4.20
1000m 平面	1000m 平面压风管	245	29.40
978m 分段	978m 分段压风管	85	10.20
958m 分段	958m 分段压风管	15	1.80
合计	—	999	119.88

8.2.4　供风管管径计算

1. 主供风管管径计算

二矿区井下总风量按照井下总人数为 1010 人计算,主供风管管径(内径,下同)可按式(8.2)计算。

$$d = 146 \sqrt{\frac{Q_1}{v_0}} \tag{8.2}$$

式中,d 为压气管内径,mm;v_0 为压气管内压缩空气流速,一般为 $5 \sim 10$m/s;Q_1 为平均压力 P_1 状态下压缩空气流量,m³/min。

$$Q_1 = \frac{Q_0 P_0}{P_1} \tag{8.3}$$

式中,Q_0 为常温(20℃)、常压(0.1MPa)状态下管道计算流量,m³/min;P_0 为吸气状态的大气压,MPa;P_1 为压气管道内空气的平均压力,一般为 0.3~0.9MPa。

取 $v_0 = 7\text{m/s}, P_1 = 0.7\text{MPa}$,则主管管径为 $d = 146\sqrt{\dfrac{155 \times 0.1}{0.7 \times 7}} = 260\,(\text{mm})$。

二矿区主压风管道为 DN300mm×10mm 无缝钢管,满足风量要求,不需要扩大管径。

2. 各中段干管管径计算

根据表 8.1 中的数据,按照式(8.2)和式(8.3)计算出各中段干管管径,见表 8.2。

表 8.2　二矿区各中段干管管径

中段/分段	管道名称	人数/人	最大需风量/(m³/min)	管径/mm	型号
1200m 副中段	1200m 副中段压风管	22	2.64	33.889	DN51mm×3mm
1198m 分段	1198m 分段压风管	0	0	0	—
1178m 分段	1178m 分段压风管	0	0	0	—
1158m 分段	1158m 分段压风管	110	13.20	75.778	DN100mm×4mm
1150m 平面	1150m 平面压风管	245	29.40	113.091	DN150mm×6mm
1138m 分段	1138m 分段压风管	0	0	0	—
1118m 分段	1118m 分段压风管	0	0	0	—
1100m 副中段	1100m 副中段压风管	50	6.00	51.089	DN100mm×4mm
1098m 分段	1098m 分段压风管	0	0	0	—
1078m 分段	1078m 分段压风管	110	13.20	75.778	DN100mm×4mm
1058m 分段	1058m 分段压风管	35	4.20	42.744	DN51mm×3mm
1038m 分段	1038m 分段压风管	35	4.20	42.744	DN51mm×3mm
1000m 平面	1000m 平面压风管	245	29.40	113.091	DN150mm×6mm
978m 分段	978m 分段压风管	85	10.20	66.612	DN100mm×4mm
958m 分段	958m 分段压风管	15	1.80	27.983	DN51mm×3mm

二矿区井上已经建有地面空压机站,并在地面敷设管道接入井下为井下生产作业供风,同时井下大多数中段及采掘工作面已经铺设有供风管道,主压风管道的规格为 DN300mm×10mm,各分段压风管道的规格多数为 DN150mm×6mm、DN200mm×8mm,局部区域供风管道的规格为 DN80mm×4.5mm、DN100mm×4mm,可以满足要求。

3. 阻力计算

空压机站出口至避灾硐室内管道出口的风流阻力计算如下。

各管段的阻力按式(8.4)计算。

$$\Delta P_i = 10^{-6}\frac{1.15l_i}{d_i^5}Q_i^{1.85} \tag{8.4}$$

式中，ΔP_i 为第 i 段压气管的阻力损失，Pa；l_i 为第 i 段压气管的长度，m；d_i 为第 i 段压气管的内径，m；Q_i 为第 i 段压气管的计算流量（自由状态），m^3/min。

式(8.4)中系数取 1.15，是考虑第 i 段压气管上管件的局部阻力系数，该系数一般取 1.1～1.2。

按照式(8.4)计算压风管网阻力损失，见表 8.3。

表 8.3　二矿区管网最长路径阻力计算

序号	管道名称		长度/m	管径/mm	最大流量/(m^3/min)	阻力/Pa
1	地表风机站	1250m 水平风管入口	500	300	129.48	1912.7
2	1250m 水平风管入口	1150m 水平风管入口	100	300	123.84	352.3
3	1150m 水平风管入口	1000m 水平风管入口	150	200	108.00	3115.1
4	1000m 水平风管入口	850m 水平风管入口	150	150	51.00	3276.0
5	850m 水平风管入口	850m 最远端	6000	150	9.60	5964.8
合计	总阻力					14620.9

二矿区空压机的出口压力为 0.65MPa，紧急状态下启动压风自救系统时，空压机站出口至 850m 避灾硐室的通风阻力为 0.0146209MPa，压风出口压力满足设计要求的 0.1～0.3MPa。因此，只需通过安装在避灾硐室内的压风自救装置进行调节即可满足要求。

4. 油水分离器

结合二矿区的实际情况，油水分离器的布置设计如下。

（1）在地表 1672m 平硐附近的主压风管路自空压机站出口及钻孔入口处各安装一台油水分离器。

（2）井下 1250m、1150m、1000m、850m 中段井口各安装 1 台油水分离器。

（3）共计 6 台油水分离器。

8.2.5　系统布置

结合二矿区的实际情况，压风系统需进行如下改造。

1. 管路铺设

（1）新增压风支管，使之延伸到各分段采掘作业场所、覆盖各分段的避灾路线及主要硐室。

（2）新增 850m 压风支管，从 850m 中段压风管延伸到该中段的避灾硐室中。

2. 三通及阀门安装

三通及阀门的安装按照标准规定，在压风管道抵达各中段、分段及重要硐室时安装。

8.3　安装及调试

8.3.1　系统安装

（1）安装位置应尽可能接近工作场地，保证井下工作人员在发生灾害时有足够的时间进入并开启自救装置，真正起到救灾防护的作用。

（2）压风自救装置安装地点要求两帮和顶板比较完整稳定，顶板无淋水，宽度要以过往的车辆不会破坏自救装置为准，安装高度一般为 1～1.2m。

（3）阀门开关灵活、畅通，阀门扳手要在同一方向。

（4）供风管路尽量水平、安装牢固。

（5）对容易受机械冲击地段，应设置防护挡板，避免冲击。

（6）供风系统的风管涂成蓝色以便辨识。

（7）压风管道应接入紧急避险设施内，并设置供气阀门，接入的矿井压风管路应设减压、消音、过滤装置和控制阀，压风出口压力应为 0.1～0.3MPa，供风量每人不低于 0.3m³/min，连续噪声不大于 70dB(A)。

8.3.2　使用、维护及管理

安装完成后，要进行送气和调试，并进行全面的质量检查。

（1）应指定人员负责压风自救系统的日常检查和维护工作。

（2）应绘制压风自救系统布置图，并根据井下实际情况的变化及时更新。布置图应标明压风自救装置、三通及阀门的位置，以及压风管道的走向等。

（3）应定期对压风自救系统进行巡视和检查，发现故障及时处理。

（4）各掘进工作面安装后但不再使用的压风自救系统要及时拆除，拆除回收的管路要摆放整齐，压风自救装置要清洁卫生后妥善保存，不得吊挂于任何井下巷道帮壁之上。

（5）应配备足够的备件，确保压风自救系统正常使用。

（6）按照要求安装后，要检查各连接部件是否牢固可靠，连接处的密封是否严密，管路有无漏气，开关把手是否灵活可靠，位置方向是否正确，若有错误要及时纠正。

（7）确认安装无误后进行调试，打开把手，看有无气送出，若无则首先检查是否停风，其次检查管路是否堵塞，若堵塞应进行清洗或更换。

（8）当井下发生一氧化碳和氮氧化合物等有害气体灾害，对工作人员有生命威胁时，现场工作人员要以最快的速度进入压风自救装置，打开控制开关，避灾人员便可安全避灾待援，当救灾人员赶来救出避灾人员或解除威胁后，避灾人员可以离开自救装置。

（9）在灾害排除后，应将使用后开关把手置于关的位置，以便再次使用。

（10）应对入井人员进行压风自救系统使用的培训，每年组织一次压风自救系统使用演练。

第9章 金川二矿区供水施救系统

9.1 系 统 现 状

1. 地面水源

金川集团公司动力厂已将地表新水通过两趟 $\phi300mm$ 钢管引入二矿区 $600m^3$ 和 $400m^3$ 高位水池,通过高位水池引入井下及地表各用水点和充填工区等进行生产和生活使用。

2. 供水管网现状

目前井下供水系统配置有生产和生活供水系统,生产和生活为一套系统,从地表高位水池供到井下各中段主运输巷、食堂及休息室等主要场所。二矿区无需再新建地面生活水池,但是需要对现有的供水系统进行重新设计并铺设钢管,使供水系统覆盖主要工作区域及避灾线路。

目前二矿区井下已经建设有覆盖范围广、较为完善的供水系统,但目前的供水系统主要供给生产使用,并未抵达紧急避灾硐室,而建设供水施救系统的主要目的是为灾害情况下井下作业人员提供生存饮水,因此在本设计方案中对供水管路进行重新设计,使供水系统能够覆盖主要工作区域、避灾线路及避灾硐室。

9.2 系 统 设 计

9.2.1 供水系统设计原则

按照规范要求,供水施救系统在设计时,主要考虑以下原则。

(1) 供水施救系统优先采用静压供水;当不具备条件时,采用动压供水。

(2) 供水施救系统尽量与生产供水系统共用,以减少投资,同时减小对现阶段生产的影响,施救时水源应满足饮用水水质卫生要求。

(3) 供水管道应具有一定的强度,在灾害发生时不易被损坏,采用钢质材料或其他具有同等强度的阻燃材料。

(4) 供水管道敷设应牢固平直,并延伸到井下采掘作业场所、紧急避险设施、爆破时撤离人员集中地点等。

(5) 各主要生产中段和分段进风巷道的供水管道上每隔 200~300m 应安装一组三通及阀门。

(6) 独头掘进巷道距掘进工作面不大于 100m 处的供水管道上应安装一组三通及阀门,向外每隔 200~300m 应安装一组三通及阀门。

(7) 爆破时撤离人员集中地点的供水管道上应安装一组三通及阀门。

(8) 供水管道应接入紧急避险设施内,并安装阀门及过滤装置,水量和水压应满足额定数量人员避灾时的需要。

基于以上原则,结合二矿区的实际情况,供水系统布置如下。

(1) 在地表 1672m 平硐出口的地面高位水池供水管出口安装一台赃物过滤器。利用 1672m 平硐出口的高位水池,经过(1250～1150m)钻孔抵达 1250m 水平,然后分三条:一条经过东副井抵达 1200m 水平,一条经(1250～1150m)钻孔抵达 1150m 水平,一条供 1250m 水平及以上。在抵达各中段时安装三通及阀门。由于到 2013 年二季度 1250m 及以上不是生产中段,所以不再新增三通及阀门,850m 水平水管管路敷设工程进入 850m 水平基建工程,不再计入本设计。

(2) 主供水管路分别进入 1058m 水平、1038m 水平、958m 水平后安装三通及阀门,并铺设供水管路,向以上 3 个水平供水,供水管路上每隔 300m 安装一组三通及阀门,特别是在各中段及水平爆破时人员集中的地点安装三通及阀门,该中段的供水管路覆盖主要巷道及避灾路线。

(3) 主供水管路在 1150m 经由 FA$_1'$进风井向下敷设,抵达 1078m 分段、1058m 分段及 1038m 分段,在抵达 1078m 分段、1058m 分段及 1038m 分段后,安装三通及阀门,并敷设供水管路,向该分段供水,供水管路上每隔 300m 安装一组三通及阀门,特别是在各中段及水平爆破时人员集中的地点安装三通及阀门,该分段的供水管路覆盖主要巷道及避灾路线;1078m 分段风水管路已敷设,只需安装三通及阀门。

(4) 主供水管路由 1000m 中段经通风井抵达 978m 分段、958m 分段。在抵达 978m 分段、958m 分段后,安装三通及阀门,并敷设供水管路,向该分段供水,供水管路上每隔 300m 设置一组三通及阀门,特别是在各中段及水平爆破时人员集中的地点安装三通及阀门,该分段的供水管路覆盖主要巷道及避灾路线。

(5) 各个中段及分段内的管道在抵达值班室、变电所、火药库等主要硐室时安装三通及阀门。

9.2.2　供水量计算

1. 全矿最大应急供水量

二矿区井下紧急状态下最大供水量 Q_{max} 按式(9.1)进行计算。

$$Q_{max} = KNq \tag{9.1}$$

式中,K 为安全系数,管网总长度小于 1km,取 1.1,总长度为 1.0～2.0km,取 1.15,总长度大于 2km,取 1.2;N 为井下单班最多工作人数;q 为井下紧急状态下每人每天需要的水量,取 2000mL/d。

二矿区单班最多人数为 1010 人,根据式(9.1)可以计算出二矿区最大需水量为

$Q_{max} = 1.2 \times 1010 \times 2000/24 = 101000 (mL/h) = 0.101 (m^3/h) = 0.000028 (m^3/s)$

2. 主供水管管径计算

井筒主供水管管径(内径,下同)按式(9.2)计算。

$$d = 1000 \sqrt{\frac{4Q}{\pi v}} \tag{9.2}$$

式中,d 为供水主管内径,mm;v 为供水管内水流流速,井下一般采用地表水池的自然压头的自流供水,因而流速并不按经济流速计算,但最大不宜超过 3m/s,一般对于井筒中的主管取 1~2m/s,对于中段干管及支管取 0.5~1.2m/s;Q 为供水管内流量,m³/s。

取 $v=1.0$m/s,则主供水管管径为 $d=1000\times\sqrt{\dfrac{4\times0.000028}{3.14\times1.0}}\approx6.0$(mm)。根据产品型号,DN25mm×2.5mm 即可满足要求。由于二矿区已经建设有覆盖范围较广、较为完善的生产供水系统,在主井、副井、各生产中段及工作面都已敷设供水管路,管径多采用 DN250mm×10mm 或 DN125mm×6mm 的规格,大于设计中的管道 DN50mm×3.5mm,因此,二矿区供水施救系统可以利用现有的供水管路,只需将供水管路接入 850m 中段的避灾硐室,并在适当的位置安装三通、阀门即可。从计算可知,二矿区高位水池 600m³ 和 400m³。

9.2.3 系统布置

结合二矿区的实际情况,供水系统需进行如下完善。

1. 地面水源

利用地面高位水池作为供水施救系统的地面水源。地面高位水池出口安装赃物过滤器。

2. 管路敷设

(1) 新增供水支管,使之延伸到各分段采掘作业场所、覆盖各分段的避灾线路及主要硐室。

(2) 新增 850m 供水支管,从 850m 中段供水管延伸到该中段的避灾硐室中。

3. 三通及阀门安装

三通及阀门安装按照规范要求,在供水管路抵达各中段、分段、水平及重要硐室时安装。

4. 赃物过滤器

在供水管路至高位水池出口安装一台赃物过滤器。共计安装一台赃物过滤器。赃物过滤器的型号应与管路的尺寸相匹配。

9.3 安装及调试

9.3.1 安装要求

(1) 安装位置应尽可能接近工作场地,保证井下工作人员在发生灾害时有足够的时间进入并开启施救装置,真正起到救灾防护的作用。

(2) 宜考虑在施救地点进行就地供水。

（3）供水管道阀门高度：距巷道底板一般 1.2～1.5m。

（4）供水施救管路水平、牢固。

（5）对容易受机械冲击地段，应设置防护挡板，避免冲击。

（6）水管在巷道中敷设时，应避开巷道水沟，尽可能采取高位敷设，防止矿井水的腐蚀。

（7）供水施救部件齐全完好，阀门手柄方向一致，且与主管平行。

（8）采掘工作面的供水管可随着采掘工作的结束而撤除。

（9）随掘进工作面的开拓，及时敷设供水管路。

（10）供水水管外表涂成绿色以便识别。

9.3.2　调试及使用

安装完成后，要进行供水和调试，并进行全面的质量检查。

（1）按照要求安装后，要检查各连接部件是否牢固可靠，连接处的密封是否严密，管路有无跑、冒、滴、漏等现象，开关把手是否灵活可靠，位置方向是否正确，若有错误要及时纠正。

（2）确认安装无误后进行调试，观察供水后开启水压、流速是否达到要求。

（3）当井下发生冒顶或爆炸后，工作人员被隔离在某个区域内，则就近找到供水施救装置进行饮水，等待救援人员进行救援。

9.4　管理及维护

（1）安装在开采工作面、掘进工作面的施救装置由当班队长（班长）负责日常检查，并做好记录。安装在大巷、硐室的供水施救装置，由安全员负责日常检查，并做好记录。

（2）应绘制供水施救系统布置图，并根据井下实际情况的变化及时更新。布置图应标明三通及阀门的位置，以及供水管道的走向等。

（3）应定期对供水施救系统进行巡视和检查，发现故障及时处理。

（4）矿井应配备足够备件（系统供水管除外）。

（5）具有专门功能的供水施救装置，在设置处要有使用说明牌板，并严禁擅自拆装。

（6）供水施救系统的日常管理由矿区相应的职能部门负责。

第10章 金川二矿区通信联络系统

井下通信联络系统能够实现地表调度室与井下主要作业点的指挥调度、井下各工作点之间点对点通信及井下工作点与地面主要车间的点对点通信。在灾变期间能够及时通知人员撤离和实现与避险人员通话。

井下通信联络系统主要包括有线通信联络系统和无线通信联络系统,其中有线通信联络系统是指通过线缆进行信息交互的通信联络系统,而无线通信联络系统是指通过自由空间进行信息交互的通信联络系统。

10.1 设 计 原 则

井下通信联络系统主要由调度交换主机、配线箱、矿用电缆、接线盒、电话等组成。通信系统的井下建设主要从以下几个方面考虑。

(1) 金属非金属地下矿山应根据安全避险的实际需要,建设完善有线通信联络系统。根据二矿区的实际情况,对已有的有线通信联络系统进行完善。

(2) 井底车场、马头门、井下运输调度室、主要机电硐室、井下变电所、井下各中段采区、主要泵房、主要通风机房、井下紧急避险设施、爆破时撤离人员集中地点、提升机房、井下爆破器材库、装卸矿点等地点应安装通信联络终端设备。

(3) 矿井井筒通信电缆线路一般分设两条通信电缆,从不同的井筒进入井下配线设备,其中任何一条通信电缆发生故障,另一条通信电缆的容量应能担负井下各通信终端的通信。

(4) 有线通信联络系统应具有以下功能:①终端设备与控制中心之间的双向语音且无阻塞通信功能;②由控制中心发起的组呼、全呼、选呼、强拆、强插、紧呼及监听功能;③由终端设备向控制中心发起的紧急呼叫功能;④能够显示发起通信的终端设备的位置;⑤能够储存备份通信历史记录并可进行查询;⑥自动或手动启动的录音功能;⑦终端设备之间通信联络的功能。

(5) 终端设备应具有防水、防腐、防尘功能,应设置在便于使用且围岩稳固、支护良好、无淋水的位置。

10.2 通信系统现状及改造

10.2.1 系统现状

二矿区井下已经安装有完善的通信调度系统,主要的硐室,如火药库、水泵房及各个中段的马头门都已安装了固定电话,各个采场、掘进工作面也已经安装了电话,有线通信基本覆盖整个矿井。

井下通信联络系统概况：现有井下通信电话 300 余部，地表 400 余部；两条 100 对通信电缆从西副井通往井下 1150m 水平，至 1 号配电站后门的交接箱；一条 50 对通信电缆从 16 行钻孔通到 1250m 水平中段 4♯皮带。该系统存在的问题是从调度楼机房到生产工区四楼总交接箱的电缆对数不足，目前使用的都是临时电缆，需要在洗浴楼工程改造中进行完善。从 4♯皮带到 3♯皮带需要拉一条 30 对的电缆，形成回路。

10. 2. 2　系统改造方案

通过分析二矿区有线通信联络系统的建设现状，对其进行改造主要包括以下内容。

（1）二矿区的通信终端即电话机已经在井下车场、马头门、井下调度室、主要机电硐室、变电所、泵房、中段采区、通风机房和提升机房安装，未能覆盖 1058m 分段、958m 分段，需要对现有的有线通信联络系统进行扩充，将原有的电话系统进行加密布置，使之覆盖到 1058m 分段和 958m 分段。

（2）二矿区的通信线路未形成双回路，井下需铺设双回路通信线路。考虑到 1150m 中段 2015 年闭段，1200m 副中段随之消失；1078m 分段于 2015 年 6 月左右Ⅰ～Ⅶ盘区全部转入 1058m 分段，随之 1100m 副中段消失，因此，新增通信系统采用 200 对通信线缆。新增 200 对通信线缆沿着 18 行副井向下铺设，铺设路径为程控机房—18 行副井—1150m 接线盒—工作地点。

（3）目前二矿区调度室内的电话程控交换机不具有强拆、强拔、群呼、录音等功能，同时考虑到将来电话机容量扩充的需要，需要将现有程控交换机更换为容量更大且具有强拆、强拔、群呼、录音等功能的程控交换机。

（4）二矿区通信电缆和程控交换机为矿山后续建设预留接口。

10.3　管理与维护

通信系统的管理与维护要求如下：
（1）必须由专业人员对通信系统进行管理与维修。
（2）井下通信电缆必须沿井下巷道高位铺设，每 5m 设一个吊挂点。
（3）除专业维修工外，任何人不得拆装电话。
（4）井下电话应安装在通风良好、较干燥处。
（5）每旬必须对井下通信系统作全面巡查，发现问题及时处理。
（6）井下对通信电缆有机械冲击的危险地点应对通信电缆采取防护措施。
（7）井下通信系统纳入日常安全检查范围，建立检查记录制度。
（8）矿井安全负责人应经常审阅通信检查记录，发现问题及时处理。
（9）矿井地面仓库必须储备一定数量的通信系统维修用器材，保证系统正常运行。

第11章　金川二矿区人员定位系统

二矿区是我国有色金属地下矿山年生产能力最大,机械化、现代化程度最高的充填采矿法矿山,矿区占地面积556万多平方米,井下巷道分布多,采用多中段、多采场同时作业,采矿、掘进、运输多工序、多地点立体交叉作业,重点工程设施分布广,有西主井、主斜坡道、1238～1138m分斜坡道、井下破碎站、1150m水平环行运输道、1000m水平部分运输道、皮带运输道、1238m分段、1138m分段等重要工程,还有正在建设的850m深部开拓工程。井下系统复杂,主要包括1000m平面无轨运输系统、850m平面有轨运输系统、盘区矿石、废石溜井系统、通风系统、充填系统、排水排污系统、废石运输提升系统、1150～1000m行人系统、风水电动力系统等。随着公司对矿石原料需求量增加,采掘逐渐向深度延伸,每天上下主斜坡道的各类车辆在400次以上,井下作业人员保持在2000人左右,井下生产系统的协调难度越来越高,井上人员难以及时掌握井下车辆和人员的动态分布及作业情况。

二矿区原有生产调度指挥仅依靠一套400门用户小交换机通信系统来完成信息的收集与生产任务的下达,存在较多的盲区,井下调度系统滞后性较大。由于矿山生产的特点和复杂性,地表井下设备分散控制,没有建立集中监控、操作和管理系统,生产调度无法根据设备的运行状况进行现场生产协调,调度系统没有实现网络化的管理机制,信息化程度较低。在生产过程中容易发生突发性事件和紧急情况,存在地面调度人员无法及时掌握井下生产情况和环境情况的现象,井下没有数据网络,无法进行模拟量的监控,用现有固定电话的通信方式指挥生产和进行人员调度已经不能满足管理的需要。安全生产关系到二矿区的发展,急需建立技术先进、现代化的通信网络来保证井下人员的安全和生产指挥的通畅。

11.1　设　计　思　路

根据标准要求,在井下建立人员定位系统时,主要考虑以下几个方面。

(1) 人员定位系统主机应安装在地面,并双机备份,且应在矿山生产调度室设置显示终端。

(2) 人员出入井口和重点区域进出口等地点应安装分站(读卡器),重点区域是指各生产中段和分段进出巷道及主要分叉巷道、井下爆破器材库、紧急避险设施等区域。

(3) 分站(读卡器)应安装在便于读卡、观察、调试、检验,且围岩稳定、支护良好、无淋水、无杂物、不容易受到损害的位置。

(4) 主机及分站(读卡器)的备用电源应能保证连续工作2h以上。

(5) 识别卡专人专卡,并配备不少于经常下井人员总数10%的备用卡。

(6) 人员定位系统应取得矿用产品安全标志。

(7) 人员定位系统具有以下监测功能:①监测携卡人员出/入井时刻、出/入重点区域时刻等;②识别多个人员同时进入识别区域。

(8) 人员定位系统应具有以下管理功能。

① 携卡人员个人基本信息,主要包括卡号、姓名、身份证号、出生年月、职务或工种、所在部门或区队班组。

② 携卡人员出入井总数、个人下井工作时间及出入井时刻信息。

③ 重点区域携卡人员基本信息及分布。

④ 携卡工作异常人员基本信息及分布,并报警。

⑤ 携卡人员下井活动路线信息。

⑥ 携卡人员统计信息,主要包括工作地点、月下井次数、时间等。

⑦ 按部门、区域、时间、分站(读卡器)、人员等分类信息查询功能。

⑧ 各种信息存储、显示、统计、声光报警、打印等功能。

(9) 人员定位系统满足以下主要技术指标。

① 最大位移识别速度不小于 5m/s。

② 并发识别数量不小于 80 人。

③ 漏读率不大于 10^{-4}。

④ 巡检周期不大于 30s。

⑤ 识别卡与分站(读卡器)之间的无线传输距离不小于 10m。

(10) 电缆和光缆敷设应符合《金属非金属矿山安全规程》(GB 16423—2006)中 6.5.2 的相关规定。

11.2　系 统 现 状

二矿区现有的部分无线通信系统、人员定位系统由移动公司建成运行,对于未覆盖的中段水平部分,移动公司已经明文回复不再投资建设。因此需要在保留原有的无线通信和人员定位系统的基础上,进一步增加 WiFi 技术的人员定位系统,建设覆盖程度能满足现有国家规范要求的无线通信系统。850m 水平由于在 2013 年二季度之前尚未形成,所以此水平的所有设备暂时不考虑配备。部分水平移动所建系统和新建系统可能存在重叠,由于两者系统的技术差异,硬件设备暂时不能通用,两套系统分别独立运行。两套系统可以同时定位、通信,互不干扰,定位结果及数据可以进行精度对比。现有的定位、无线通信数据传至地面控制中心,通过交互软件接入新的系统,实现整个矿区三维可视化定位和整个矿区区域范围无线通信。

11.3　主流技术的比较

11.3.1　语音通信系统

1. 对讲机(集群)系统

一般通过架设基台和漏泄电缆实现无线信号的传输,其优点是信道稳定,但由于需要采用较多的中继器延长通信距离,所以系统可靠性差,噪声易叠加,维护成本较高。

2. 小灵通(PHS)

系统采用微蜂窝结构组网,支持语音和短信功能,支持漫游,终端发射功率小,待机时间较长,支持无线调度功能。但存在通信距离短和单基站通信容量小(只支持 3 部手机同时通话)的缺点。最大的问题在于小灵通已经按照国家的要求退出市场,其频率让给 3G 电信运行,厂家已经停止生产设备。

3. 3G(CDMA)

基于扩频技术的通信方式,话质清晰,抗干扰、抗衰落能力强,但系统抗灾变能力差(远端模块不能脱网工作),基站和终端成本都很高,且缺乏数据接口通用性。

4. WiFi

基于 TCP/IP 的可以复用的工业以太网技术,可与工业以太环网和办公自动化网络直接对接,标准化程度高,无论作为语音、数据还是图像的传输手段都非常合适。频率为 2.4G 开放频段,对于巷道环境来说,这个频率偏高,损耗较大,可运用工业以太网在布网方面的灵活性予以补偿。

11.3.2　WiFi 与 3G 技术的参数对比

WiFi 与 3G 技术的参数对比见表 11.1。通过比较分析最终选用 WiFi 技术。

表 11.1　WiFi 与 3G 技术的参数对比

系统类型技术特点		澳大利亚 WiFi 通信定位一体化系统	3G 通信系统
实现功能		可实现井下通信系统、定位系统等多合一,完全使用 WiFi 技术;同时兼容考勤系统、工业视频系统、监测监控、应急广播系统等一体化系统的网络延伸和接入	3G 制式仅可实现语音通信功能,定位需要单独铺设第二套独立的系统(ZigBee 或者 RF ID),无定位系统国家安标 AQ6210 认证
基站	工作频率	2.4GHz	1880～1920MHz 2010～2025MHz 2300～2400MHz
	组网特点	支持自组以太环网,断点不断网,可接入矿用千兆工业以太环网,资源共享	为线型网络,一断全断,不能接入矿用以太环网
	基站部署	支持光纤、网线连接和无线级联	光缆专线连接,不支持无线级联
	基站位置迁移、维护	简单,按工作面需求,就近接入骨干环网或分站网络	复杂,需重新配置,重新布网
	无线带宽	54Mbit/s	2.8Mbit/s
	无线覆盖	双射频技术,无损距离可覆盖两个方向,覆盖距离达 500m	单射频,两天线,每天线覆盖 500m

续表

系统类型技术特点		澳大利亚 WiFi 通信定位一体化系统	3G 通信系统
基站	物理参数	矿用本安型,重量轻	矿用隔爆型,重量重
	数据加密	支持 WPA、WPA2 等多种加密方式,网络安全保障	不支持加密
	基站间距	布站时基站间距可达 500m	布站时基站间距可达 500m
	无线摄像	支持标清 D1 格式 702×576 矿用无线摄像系统的接入和传输,并可使用无线自组网实现无光缆跳传;同时支持 20 路手机通话	支持手机低分辨率动态视频传输;不支持高清 D1 格式矿用无线摄像仪,不支持无线自组网功能,传无线动态视频时,无法实现 20 路以上手机并发通话
	抗干扰能力	抗电磁干扰能力强,可在恶劣环境下工作,适用于国内外各种矿山	抗电磁干扰能力强
	施工方式	光纤和电源热插拔,无须开盖;即插即用式光缆,无须熔纤	需要现场开盖熔接
	维护特点	井下只有基站设备且支持任意方式组环网,增加可靠性,有效减小故障隐患带来系统中断的可能性,系统安装简单,维护方便,软件支持远程访问和调测维护,技术人员一周即可熟悉	系统基于专用传输网络,基站技术复杂,矿方人员很难维护
	增值功能	可支持矿用车辆防撞系统、矿车信息无线监测系统、无线摄像、井下无线办公等(井下使用笔记本计算机、iPad 等智能设备,实时连接办公网,在井下任何地点都可进行矿山生产和设备管理)	不支持高清无线摄像及无线办公等设备联网
	投资效应	一次投资可同时实现通信定位功能,减少投资,避免重复建设	需重复投资建设定位系统及其他系统
语音	手机工作距离	500m	500m
	手机工作时间	待机 72h,通话 6h	待机 40h,通话 4h
	工业用途,安全用途	支持对讲和一键求救;支持在地面语音服务器故障时,仍可实现 16 个对讲组内的手机直接通话;在国外矿山都使用此功能	不支持对讲和一键求救;若地面核心服务器故障,则手机不能再使用
	漫游和切换	支持加密方式下的无扰切换,切换时间<50ms	切换时间<50ms
	同一基站下手机同时通话	32	72
	抗噪声和回声	支持	支持
	手机防护能力	防水、防尘、抗振、防爆	非防水防尘设计
	手机定位	支持	不支持
	自主生产能力	自主生产	第三方采购

续表

系统类型技术特点		澳大利亚 WiFi 通信定位一体化系统	3G 通信系统
定位	无线定位工作距离	500m	—
	定位卡发射功率	19dBm	—
	定位精度	40m,增加励磁装置后实现高精度定位	—
	定位周期	5s~3h 可调	—
	可靠性	零漏卡率,支持生命检测功能	—
	体积	体积小,便于携带	—
	电池寿命	正常使用时(工作距离 500m,定位时间 20s)1 年以上	—
系统容量		1000 部手机	1000 部以上
与外网电话互通		通过语音网关,自由连接	需要与中移动地区分公司协商许可,分配号段
国际使用情况		全球大中型矿井主流选型(澳大利亚、美国、加拿大、南非、南美),业绩超过 300 个	只有中国,小范围试点
投资成本		中	高

11.3.3　人员定位系统

1. RFID 技术

射频识别(radio frequency identification,RFID)技术,又称电子标签、无线射频识别,是一种通信技术,可通过无线电信号识别特定目标并读写相关数据,而无须识别系统与特定目标之间建立机械或光学接触。该技术主要应用于早期的井下人员定位系统,由于 RFID 技术在抗干扰和并发识别上存在缺陷,所以漏卡率较高。而且该技术仅能实现定位功能,无法扩展通信业务。

2. ZigBee 技术

ZigBee 技术是一种近距离、低复杂度、低速率的双向无线通信技术。主要用于距离短、功耗低且传输速率不高的各种电子设备之间进行数据传输及典型的有周期性数据、间歇性数据和低反应时间数据传输的应用。ZigBee 技术可同时实现通信功能,但是由于带宽较窄,通信信道容量很小,所以部分生产厂家在选择 ZigBee 定位的同时选择 WiFi 通信技术,这样就不可避免地带来干扰问题。

3. WiFi 技术

表 11.2 给出了不同定位技术的对比结果。由此可见,独有的 WiFi 定位技术,利用接收到的不同基站场强信号来有效判别人员所在位置,并发识别量大,不丢卡,不漏卡。配合语音通信技术实现通信定位一体化,减少客户投资。

综上所述,新建人员定位系统选用 WiFi 技术。

表 11.2　定位技术对比

特性参数＼定位技术	WiFi 通信定位一体化系统	ZigBee 定位系统	RFID 定位系统
工作频率	2.4GHz	2.4～2.485GHz	2.45GHz
分站部署	支持光纤、网线连接和无线级联	支持光纤、网线连接，不支持无线级联	同轴线缆专线连接
无线带宽	54Mbit/s	250Kbit/s	26Mbit/s
无线覆盖	双射频技术，无损距离可覆盖两个方向，覆盖距离达 500m	单射频技术，覆盖距离 200m	单射频技术，覆盖距离＜200m
物理参数	本安型，重量轻	隔爆型，重量重	隔爆型，重量重
数据加密	支持 WPA、WPA2 等多种加密方式	不支持加密	不支持加密
基站间距	布站时基站间距可达 500m	布站时基站间距最大 200m	布站时基站间距最大 200m
组网特点	支持自组环网，可接入矿用工业以太环网	不支持自组环网，需要通过环网交换机接入矿用以太网	不支持自组环网，需要借助第三方协议转换设备接入矿用以太环网
抗干扰能力	抗干扰能力强	极易受到同频段干扰	极易受到同频段干扰
施工方式	光纤和电源热插拔，无须开盖；即插即用式光缆，无须熔纤	需要现场开盖熔接	需要现场开盖熔接
维护特点	井下只有基站设备且支持任意方式组网，增加可靠性，有效减小故障隐患带来系统中断的可能性，系统安装简单，维护方便，软件支持远程访问和调测维护	井下有传输接口和基站设备，传输接口增加故障隐患，维护相对困难	井下有传输接口和基站设备，传输接口增加故障隐患，维护相对困难
增值功能	可支持矿用车辆防撞系统，无线摄像	不支持无线摄像及无线计算机等设备联网	不支持无线摄像及无线计算机等设备联网
投资效应	一次投资可同时实现通信定位功能，减少投资，避免重复建设	需重复投资建设通信系统	需重复投资建设通信系统
无线定位工作距离	500m	＜300m	＜200m
定位卡发射功率	19dBm	1dBm	1dBm
定位精度	40m，增加励磁装置后实现高精度定位	无法实现门禁式定位	无法实现门禁式定位
定位周期	5s～3h 可调	不可调	不可调
可靠性	零漏卡率，支持生命检测功能	漏卡率高，不支持生命检测功能	漏卡率高，不支持生命检测功能
体积	体积小，便于携带	体积较大	体积较大
电池	正常使用时（工作距离 500m，定位时间 20s）1 年以上	正常工作时 1 年	正常工作时 1 年

11.4　系　统　功　能

系统整体功能结构如图 11.1 所示。由图 11.1 可知,系统具有以下功能。

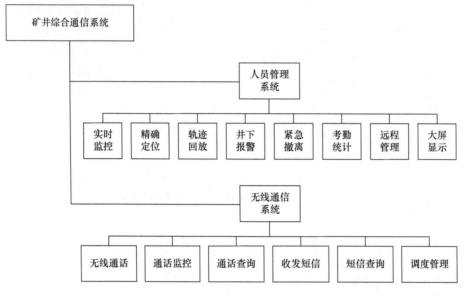

图 11.1　系统整体功能结构

1. 实时监控

井下地图显示,生动再现井下全貌,监控人员可实时观测到所有人员、车辆的真实分布情况。

2. 精确定位

每个井下人员和机车上都有一张定位卡,该卡不断地自动向地面监控中心发送信息,系统据此可准确判断出其当前位置,发生事故时可迅速锁定人员地点,为救援赢得时间。

3. 轨迹回放

可对人员和机车的运动轨迹进行跟踪回放,掌握其详细工作路线和时间,在进行救援或事故分析时可提供有效的线索。

4. 井下报警

井下的人员或设备出现异常的情况时,可通过定位卡向系统发出报警求救信号,地面监控界面立即显示出报警提示,对警报发出人和所在地点一目了然。

5. 紧急撤离

地面人员掌握到异常情况,需要指挥井下人员迅速撤离时,可通过系统向所有人员发出紧急指令,并可动态掌握撤离进行情况。

6. 考勤统计

系统详尽记录了所有井下人员的工作时间,由此可方便地对个人、班组、部门进行考勤统计,或根据工种、职务等进行统计。

7. 远程管理

可通过互联网对系统进行操作,实现远程管理和监控,管理人员出差在外也可随时查看井下实况,特别是发生事故时不在现场也可及时掌握第一手情况,进行救援指挥。

8. 大屏显示

地面监控终端可连接大型屏幕,更加醒目地动态显示井下人车实况,便于监控中心和井口的监控人员掌握井下情况。

11.5　系 统 组 成

11.5.1　系统结构与设备

该系统由以下几部分组成,系统结构如图 11.2 所示。

1. 人员定位基站

定位通信基站安装在巷道或工作面,用来接收定位卡/手机的无线信息,并将接收到的信息传送至上一个分站或传输接口,也将来自上一个分站/传输接口的信息发送至定位卡/手机上,或传输给下一个基站。

1) 基站特点

(1) 具有通信基站和网络交换机双重功能。

(2) 可综合用于人员定位和无线通信系统。

(3) 小巧,轻便,便于安装和维护。

(4) 无线通信距离 500m(典型值)。

(5) 大范围内同时快速、可靠地识别许多定位仪,并具有微功率、识别率高、高抗干扰性、稳定可靠等优点。

(6) 无线通信方式,可根据实际情况移动。一旦某一区域不再需要使用,如采掘面挖完,可把该区域内的分站移到其他需要的地方或者回收上来备用。

2) 基本性能

(1) 工作电压:DC 12~18V。

(2) 功率 7.5W。

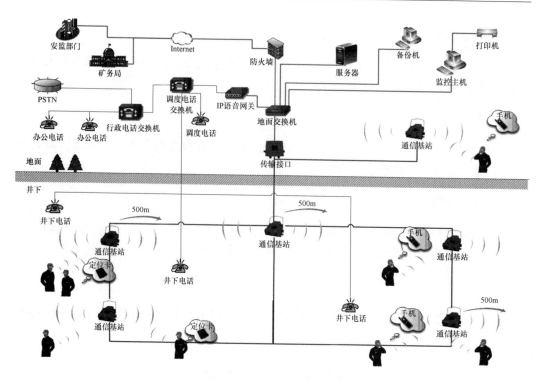

图 11.2　无线通信及人员定位二合一系统

(3) 基站本体外形尺寸:410mm(L)×375mm(W)×73mm(H)。

(4) 质量:约 4.5kg。

(5) 防护等级:IP64。

(6) 防爆等级:ExibI 本质安全型。

(7) 网管型网络交换机。

3) 无线接入

(1) 无线射频单元数量:共两个。

(2) 无线工作频率:2400~2483MHz。

(3) 无线通信协议:IEEE 802.11b/g。

(4) 基站之间支持 WDS 无线级联。

(5) 无线通信距离:基站之间 1km;基站与手机之间 500m;基站与定位卡之间 500m。

(6) 天线接口:共 4 个(每个无线接入点主副两支天线),可选定向天线和全向天线。

4) 有线接入

(1) 接口数量:4 个,内置百兆交换功能。

(2) 传输方式:单模光纤,1310nm。

(3) 传输速率:100Mbit/s。

(4) 光纤和电源均采用即插式接口,施工时无须井下开盖熔接和焊接。

(5) 基站的电源和光纤线缆可以通过 JB 系列矿用本安型通信接线盒接续。

5) 网络性能

(1) 支持 VLAN。

(2) 支持 QoS。

(3) 支持 STP,可组成环网。

(4) 支持 SNMP。

(5) 支持 Web 形式和远程集中管理两种管理模式。

2. 矿用定位卡

定位卡相当于"井下身份证",所有下井人员和机车各携一张,该卡不断地自动向人员定位基站发送信号,遇异常情况时可发送报警信号,也可接收撤离通知。

主要技术指标如下。

(1) 工作频率:2400~2483MHz/125kHz（低频接收）。

(2) 无线工作协议:IEEE 802.11b。

(3) 发射功率:+19dBm。

(4) 通信距离≥500m(与 KT112-F 连接)。

(5) 工作时间≥2 年。

(6) 电池:3.6V 锂电 1/2AA(一次性电池)。

(7) 每台基站同时识别 300 张定位卡。

11.5.2　语音网关

语音网关主要功能是实现井下手机与井下固定电话及外部公网电话的互相通话,主要相关参数见表 11.3。

表 11.3　相关参数

语音端口数	8 路
音频端口配置(RJ11)	4FXO,4FXS
LAN 端口配置(RJ45)	1 个 10Base-T/100Base-TX 以太网接口
串行接口(DB9)	1 个 RS232 接口
业务功能	支持矿用手机、语音网关话机和语音网关交换机接口之间的通话
电话线传输距离	<500m
电源输入	DC 12V 2A
功耗	最大功率:24W
外形尺寸(宽×高×深)	310mm×41mm×165mm
单机质量	1.0kg
环境要求	工作温度:−10~50℃ 存储温度:−30~60℃ 适度(非凝结):10%~90%

11.6　人员定位系统布置及安装

1. 基站布置设计原则

一般基站的位置:入井口、巷道交叉口、巷道分支口、进入采掘面入口、进入危险区域入口、进入废弃巷道入口、禁止进入区域入口。特殊设置位置:特定需要的检测位置。

2. 工人发卡

遵循"统一发卡、统一装备、统一管理"的原则。二矿区现有从事井下作业人数为1684人,共需发放卡片1684张,另外169张备用。由于井下有两套定位通信系统,所以在下井时可以同时携带移动的定位卡,在两套系统都能覆盖的地方可以同时进行定位,在移动覆盖不到的地方,新建系统可以发挥作用。

3. 人员系统定位基站布置

根据6.1.3节介绍的人员系统定位井下基站布置原则,在金川二矿区安装具有进出方向、时间识别能力的定位基站共50台。系统基站布置点见表11.4。

表 11.4　二矿区各个中段无线通信及人员定位基站布置基本情况

序号	水平	数量	备注
1	1058m	10	—
2	1038m	7	—
3	1000m	4	—
4	978m	10	—
5	958m	7	—
6	主斜坡道口	1	—
7	西副井井口	1	—
8	备用	10	考虑到二矿井下环境复杂,备用10台基站
总计		50	—

11.7　管理与维护

人员定位系统的管理与维护要求如下:
(1)二矿区应指定人员负责人员定位系统的日常检查与维护工作。
(2)识别卡发放及信息变更应由专人负责管理。
(3)应定期对人员定位系统进行巡视和检查,发现故障及时处理。在故障期间,若影响到对井下人员情况的监控,应采用人工监测,并做好记录。

（4）应建立以下账卡及报表：设备、仪表台账，故障登记表，检修记录，巡检记录。

（5）应绘制人员定位系统布置图，并根据实际情况的变化及时更新。布置图应标明分站（读卡器）等设备的位置、信号线缆和供电电缆走向等。

（6）应每 3 个月对人员定位系统信息资料、数据进行备份，备份数据应保存 6 个月以上。

（7）相关图纸、技术资料应归档保存。

第 12 章　金川二矿区监测与监控系统

监测监控内容主要包括有毒有害气体监测、通风系统监测、视频监测和地压监测。二矿区井下监测监控系统目前局部实现了关键部位的监控功能,监测系统尚未进行建设。监控系统设置部位主要是 1672m 平硐口、1672m 石门、1200m 石门、1150m 石门、1000m 破碎站、1♯~7♯皮带道、东西副井井口。该监控系统已与调度室联网,调度室已能实现集中监控功能。

12.1　有毒有害气体监测

12.1.1　有毒有害气体监测现状

二矿区未对井下有毒有害气体进行监测,需要在井下建立有毒有害气体监测系统。

12.1.2　有毒有害气体离线监测

为了防止在采区工作面正常生产特别是爆破作业后,井下工作人员中毒,需要利用便携式多参数测量仪对爆破作业后的气体成分进行测量。便携式测量仪应至少能够同时测量一氧化碳、氧气、一氧化氮及二氧化氮,并能进行报警参数设置和声光报警。

在采掘工作面进行爆破之后,正常通风情况下,布置在相应中段回风联络巷的一氧化碳或二氧化氮传感器不再报警后,由工作人员携带多参数测量仪从上风流方向进入采区,一旦测量仪发生报警,应立即撤离该采掘工作面,直至便携式多参数气体测量仪不再报警,方可进入采区进行工作。便携式多参数测量仪各种气体的报警浓度一般设置如下:一氧化碳为 24ppm,氧气为 18%,一氧化氮为 14ppm($15mg/m^3$),二氧化氮为 2.55ppm($5mg/m^3$)。

二矿区共有 7 个生产工区,每个工区配备 1 台便携式多参数气体检测仪,安全科配备 3 台备用,共配置 10 台便携式多参数气体测量仪。

12.1.3　有毒有害气体在线监测

二矿区井下主要的有毒有害气体是一氧化碳,因此有毒有害气体在线监测的内容为一氧化碳。监测位置主要布置在巷道回风口、工作面或一些需要联动的设备上,传感器基站对其容量进行一定的预留,便于以后其他地方传感器的安装。

1. 传感器布置原则

(1) 矿方首先分析炮烟的主要成分,确定采用一氧化碳传感器。

(2) 每个正在生产中段(分段)的进、回风巷应布置一氧化碳传感器。

(3) 采用压入式通风的独头掘进巷道,应在距离巷道出口 5~10m 设置一氧化碳传感器。采用抽出式通风和混合式通风的独头掘进巷道,应在风筒出风口后 10~15m 处设置一氧化碳传感器。

(4) 在皮带运输巷的下风向距皮带 10~15m 处设置一氧化碳传感器。

2. 传感器的布置和施工

(1) 采用压入式通风的独头掘进巷道,应在距离掘进工作面 5~10m 和距离巷道出口 10~15m 各设置 1 个一氧化碳传感器。

(2) 采用抽出式通风的独头掘进巷道,应在风筒口与工作面之间设置 1 个一氧化碳传感器。

(3) 采用混合式通风的独头掘进巷道,应在距离掘进工作面 5~10m 处设置 1 个一氧化碳传感器。

(4) 每个采场入口处 10~15m 应设置 1 个一氧化碳传感器。

(5) 掘进天井时,应按照独头掘进巷道的要求设置一氧化碳传感器。

(6) 一氧化碳传感器应垂直悬挂,距顶板(顶梁)不大于 300mm,距巷壁不小于 200mm。

(7) 一氧化碳传感器的安装,应做到维护方便和不影响行人行车。

根据上述传感器布置原则,二矿区一氧化碳传感器布置地点见表 12.1。二矿区井下共计安装 30 个一氧化碳气体在线监测传感器。

表 12.1 二矿区有毒有害气体在线监测传感器布置点和数量

序号	中段	具体位置	数量/个	传感器种类
1	1158m	回风巷道	1	一氧化碳传感器
		进风巷道	1	一氧化碳传感器
2	1150m	中心溜井	1	一氧化碳传感器
3	1058m	两个采区变电所	2	一氧化碳传感器
	1038m	进风巷道	1	一氧化碳传感器
		回风巷道	1	
		两个采区变电所	2	
4	1000m	进风巷道	2	一氧化碳传感器
		回风巷道	1	
		破碎站	1	
5	978m	进风巷道	2	一氧化碳传感器
		分段联络道	1	一氧化碳传感器
6	958m	进风巷道	2	一氧化碳传感器
		分段联络道	1	一氧化碳传感器
7	皮带运输巷	—	8	一氧化碳传感器
8	备用	—	3	一氧化碳传感器
合计			30	—

12.2 通风系统监测

12.2.1 风速风压监测

1. 风速风压监测现状

二矿区井下并没有安装风速、风压传感器,需要新建风速、风压监测系统。

2. 风速风压监测布置原则

(1) 矿山的总回风巷应安装风速传感器。

(2) 各个水平(中段、分段)的回风巷应安装风速传感器。

(3) 矿井主通风机房应设置风速和风压传感器。

(4) 应根据《金属非金属地下矿山通风技术规范》(AQ 2013.1—2008)确定每个水平(中段、分段)的风量、风速报警值。

根据上述风速风压传感器布置原则,二矿区风速和风压传感器安装的地点见表 12.2。

表 12.2 二矿区风速风压传感器布置点和数量

序号	中段	具体位置	数量/个	传感器种类
1	1158m	东、西分段联络道口	2	风速传感器
2	1058m	分段联络道口	1	风速传感器
		措施斜坡道口	1	风速传感器
3	1038m	分段联络道口	1	风速传感器
		措施斜坡道口	1	风速传感器
4	1000m	主回风巷道	1	风速传感器
		主斜坡道口	1	风速传感器
5	978m	分段联络道入口	1	风速传感器
		运输联络道口	1	风速传感器
6	958m	主斜坡道入口	1	风速传感器
7		措施斜坡道	1	风速传感器
8	回风井	14 行回风井 16 充填回风井	2	风速传感器
9	主通风机房	—	1	风压传感器
10	备用	—	1	风速传感器
合计			15	风速传感器
			1	风压传感器

二矿区井下共计安装 15 个风速传感器,1 个风压传感器。

3. 风速风压传感器的安装

(1) 风速传感器应垂直悬挂,并应安装维护方便,不影响行人和行车。

(2) 风速风压传感器应设置在巷道前后 10m 内无分支风流、无拐弯、无障碍、断面无变化、能准确计算风量的地点。

12.2.2　风机开停机传感器

二矿区地表有主扇、辅扇两组共 4 台,井下有 14 台,共 18 台,需安装 18 台风机开停传感器。

12.3　视　频　监　测

12.3.1　视频监测系统现状

二矿区现有视频摄像机 66 台,具体布置如下。

1170m 大毛仓、1150m 平面 16 号避让段、副井提升 1672m 水平 1 号、副井提升 1672m 水平 2 号、副井提升 1250m 水平、副井提升 1250m 水平信号房、副井提升 1200m 水平信号房、副井提升 1200m 水平休息洞口、副井提升 1150m 水平信号房、副井提升 1150m 水平休息洞口、副井提升地表井塔、副井提升 1759m 出车口、副井提升 1759m 进车口、副井井塔 5 楼 1 号、副井井塔 5 楼 2 号、副井井塔 6 楼 1 号、副井井塔 6 楼 2 号、副井井塔 6 楼 3 号、副井井塔 6 楼 4 号、东副井井口、破碎站枪机、破碎站球机、稀油站、抢险硐室、皮带系统 1♯尾部、皮带系统 2♯漏斗、皮带系统 1♯漏斗、皮带系统 1♯皮带中部、皮带系统 1♯配电室、皮带系统 1♯皮带头部、皮带系统 2♯皮带尾部、皮带系统 2♯皮带 144 架、皮带系统 2♯皮带 77 架、皮带系统 2♯皮带 12 架、皮带系统 2♯配电室、皮带系统 2♯皮带头部、皮带系统 3♯皮带尾部、皮带系统 3♯皮带中部下、皮带系统 3♯皮带中部上、皮带系统 3♯皮带头部、皮带系统 3♯配电室、皮带系统 1♯主机、皮带系统 2♯主机、皮带系统 3♯主机、皮带系统 1672m 水平 1 号、皮带系统 1♯漏斗、皮带系统 2♯漏斗、皮带系统 2♯漏斗口、皮带系统 3♯漏斗、皮带系统 4♯漏斗、皮带系统 5♯皮带尾部、皮带系统 5♯皮带中部、皮带系统 5♯皮带斜坡、皮带系统 5♯皮带头部、皮带系统 6♯皮带尾部、皮带系统 6♯皮带中部、皮带系统 6♯皮带头部、皮带系统 7♯皮带尾部、皮带系统 7♯皮带中部、皮带系统 7♯皮带头部、皮带系统 1♯放矿漏斗、皮带系统 2♯放矿漏斗、皮带系统 3♯放矿漏斗、皮带系统 4♯放矿漏斗、西主井各水平视频监控。

12.3.2　视频监测系统补充设计

视频监测系统布置原则如下。

(1) 井口调度室、提升绞车房、井口、中段马头门、调车场等提升人员进出场所进行视频监控。

(2) 火工库、油库、变电所、泵房等主要硐室进行视频监测,安装在火工库和油库的视频设备应是本安防爆型设备。

（3）视频监测系统的功能与性能设计、设备选型与设置、传输方式、供电应符合《视频安防监控系统工程设计规范》(GB 50395—2007)的规定。

根据规范要求，二矿区视频监控地点仍需进行扩充和完善，新增视频监控摄像头布置见表 12.3。二矿区井下共需要 40 个摄像头，通过软件设计，实现原有视频监控系统与新建系统的融合，以便于视频图像的统一监控和管理。

表 12.3　二矿区视频监控系统布置位置

序号	中段	具体位置	数量
1	1058m	维修硐室	1
		洗车硐室	2
		采区变电所	2
		分段食堂	1
2	1038m	维修硐室	3
		洗车硐室	2
		采区变电所	2
		避灾硐室	2
3	1000m	新油库	1
		休息硐室	2
		水泵房	2
4	978m	材料硐室	1
		采区变电所	1
		洗车硐室	2
5	958m	维修硐室	3
		洗车硐室	2
		采区变电所	2
6	井口	副井井口提升机房	3
		副井井口信号房	3
7	备用	—	3
合计			40

12.4　管理与维护

视频监测的管理与维护要求如下：

（1）制定了监测监控系统运行维护管理制度及监测监控人员岗位责任制、操作规程、值班制度等规章制度。

（2）指定人员负责监测监控系统的日常检查与维护工作。

（3）监测监控设备应定期进行调校，传感器经过调校检测误差仍超过规定值时应立即更换。

（4）系统发出报警信息时，监测监控中心值班人员按规定程序及时处置。处置结果记录备案。

（5）建立以下台账及报表。

① 监测监控设备台账。

② 监测监控设备故障登记表。

③ 监测监控检修记录表。

④ 监测监控巡检记录表。

⑤ 传感器调校记录表。

⑥ 报警记录月报表。

（6）报警记录月报表应包括打印日期和时间、传感器设置地点、所测物理量名称、报警次数、对应时间、解除时间、累计时间、每次报警的最大值、对应时刻及平均值、每次采取措施时间及采取措施内容等。

（7）应绘制监测监控系统布置图，并根据实际情况的变化及时更新。布置图应标明传感器、分站等设备的位置及信号线缆和供电电缆走向等。

（8）每隔 3 个月应对监测监控数据进行备份。备份的数据保存时间应不少于 2 年。视频监控的图像资料保存时间应不少于 1 个月。

（9）相关图纸、技术资料应归档保存。

第13章 监测数据传输及监控调度指挥中心建设

13.1 总体架构

矿井监测监控及安全管理信息系统是矿山持续发展的基础,其主要内容包括安全信息采集、信息传输、信息处理、信息应用与集成。实时、准确、全面的安全信息管理和响应是矿山安全管理的核心。矿井监测预警系统应是分析、预防、监测、应急全方位、一体化的系统工程。尤其应注重预防和应急处理模块,转被动为主动,利用通信、计算机、自动化等多项技术的紧密融合,有效地管理矿山安全工作,保障矿山的安全有效生产。

矿井监测监控及安全管理信息系统的总体架构包括三大部分:基础设施、信息资源、应用系统。系统的总体架构如图 13.1 所示。

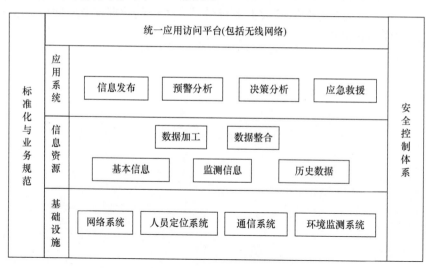

图 13.1 系统框架结构

1. 基础设施

基础设施主要是数据采集系统,如人员定位系统、环境监测系统、视频监测系统等。数据采集系统负责从矿山监控系统中读取数据,通过建立的数据传输网络链路,向安全生产监控中心发送获得的实时数据。系统由以下功能模块组成。

1) 实时数据采集

从矿井监控系统中实时读取监控设备和仪器仪表所检测到的人员所在位置数据、生产现场环境数据,以及主通风机等设备的运行状况数据。

2) 数据发送

将采集得到的数据按照设定的时间间隔,通过 TCP/IP 通信协议或 UDP 协议向上发送至中央监控中心的数据接收服务器。在数据发送模块中,需要配置数据接收服务器的IP 地址、网络通信协议,并能够根据需要灵活设置数据发送的时间周期。

2. 信息资源

该部分主要是建立数据平台,包括实时监测数据和日常安全管理数据。实时监测系统的对象是监测数据,实时数据库的核心就是管理实时监测数据,它采集并存储与生产过程相关的各种数据。

数据平台不仅能将分散在矿井的实时信息集成起来,虚拟成一个大系统,为管理者全面地实时监控所辖范围内企业的生产过程提供一个集成化的平台,而且能够通过对生产过程数据的再次加工处理,提炼出真正对安全生产决策有用的数据,从而在生产经营管理和实时过程控制之间架起一座桥梁,达到两者之间的信息交换和紧密集成。

在数据平台中能够实现以下功能。

(1) 数据接收。

将所有矿井数据采集系统通过 Internet 传送上来的实时数据包进行解析、整理和优化,存入数据接收服务器内存数据结构中,以便于其他应用模块的调用,用以进行数据的展示和实时数据的分析。

(2) 接收异常报警。

监视系统内定义的所有矿井数据采集系统发送数据的情况,对未按数据发送周期进行数据发送的矿井,系统立刻发出报警,尽早发现和排除矿井数据发送端可能存在的问题。针对每个矿井可以设置个性化的异常报警规则,以便对一些需要重点监控的矿井加强监控力度。

(3) 数据存储。

对存在数据接收服务器内存数据库中的数据进行压缩处理后,按照一定的数据格式存入历史数据库中。系统具有海量数据存储能力,由于对数据进行压缩处理,所以能够大大节约硬盘存储空间。

13.2　监测数据传输

建设井下光纤环网,从调度室通过交换机形成冗余千兆光纤环网,目前二矿区已有移动构建的光纤环网。1150m 中段布置了 2 台环网交换机,1000m 中段放置了 1 台环网交换机,井上调度中心布置了 2 台核心交换机,通过 48 芯光纤组成了数据传输环网。矿上所提供的资料显示,现有环网基本能满足将来使用要求,暂时不考虑增设,井下所有新建系统监测数据,将来通过光纤或者网线进入环网,进而传到地面控制中心进行解析和展示。

13.3　矿山监控中心建设

二矿区监控调度指挥中心建设内容主要包括以下 4 方面。

1. 计算机服务器及网络系统

建设安全监测监控计算服务器和数据库服务器,形成强大的计算能力和数据存储能力;通过千兆光纤交换机和光纤线路建立与办公楼局域网络系统的连接,实现各类服务器、计算机及终端设备的网络互联。

2. 大屏幕信息显示系统

根据墙面和设备尺寸进行合理设计,建设安装大屏显示系统,由液晶拼接屏、液晶电视机及 LED 三部分组成,实现计算机输出信息和视频监控信息等的输出与控制。

3. 综合布线和系统集成

对电源线、网线、电话线等进行布线设计和施工,根据场地条件合理设置不少于 4 个操作控制席位,按照实际需要配置计算机、显示器、音视频及其他相关设备,与数据库服务器系统、信息显示系统等相连接。

4. 监测监控软件系统

开发矿山安全生产监测监控与安全管理系统,对与矿山安全有关的资料数据进行收集、整理、统计和分析,为管理者提供决策,服务于企业安全生产,利用获取的安全数据和模型预测未来的安全情况,辅助支持企业安全管理决策的系统。

13.3.1　监控中心结构

系统采用模块化设计,各个系统既相互独立又可以统一管理。计算机服务器系统主要有新增数据存储服务器、Web 服务器,以用于信息存储和管理音视频设备。操作席位配置计算机和相关控制设备同服务器系统联网,实现计算能力和数据存储能力的共享。大屏幕系统由音视频矩阵来控制其信号,演示来自操控席或者其他外部信号源的视频画面。具体拓扑结构如图 13.2 所示。

13.3.2　计算机服务器及网络子系统

计算机服务器系统需采购新的计算服务器、数据库服务器和数据存储系统等。数据库服务器和 FC 磁盘阵列组成独立的 FC SAN 存储区域网络,磁盘阵列作为备份介质,充分利用磁盘快速读取、大容量、无机械故障的优势,将数据库的数据文件快速备份至磁盘阵列。服务器和计算机终端均通过千兆光纤交换机和光纤线路接入内部局域网,实现和其他计算机、终端设备的网络互联。通过 1 台支持 VPN 功能的集成化路由器实现外网高速光纤接入;配置防毒墙以有效防御病毒由外网向内网传播;配置防火墙以实现网络互联与安全防御。

13.3.3　大屏幕信息显示子系统

金川二矿区已经建有调度中心大屏幕信息显示系统,无须另外新建。

图 13.2　系统拓扑结构

13.4　监测监控软件系统

13.4.1　系统运行环境

（1）系统体系结构。矿山应用软件结构为 B/S 结构，采用. net 技术开发。

（2）网络环境。系统采用的网络包括 Internet 及矿山局域网。通信网络采用基于 TCP/IP 协议的通信专线。

（3）硬件环境。数据服务器采用部门级或企业级服务器，包括 IBM、HP、SUN 等品牌服务器。作双机热备（集群技术），提供高速稳定的硬件平台。普通监控终端采用品牌 PC 机。

（4）操作系统环境。数据库服务器操作系统采用 Windows 2003 Server / Advance Server 2000。Web 服务器采用 Windows Advance Server 2000。通信网关服务器采用 Windows Server 2000。普通监控终端采用 Windows 2000 Pro 或 XP。

（5）数据库环境。数据库采用 SQL Server 2008 标准版。

（6）地图平台环境。使用 ArcGIS 地图引擎，访问本地地图空间数据库。

13.4.2　系统功能

1. 地理信息管理

地理信息系统的基本定位是矿山安全监测预警系统的一个基本支撑系统，综合来说，地理信息技术的作用如下。

（1）提供整个信息系统的底层技术支撑平台，维护地理数据库，维护业务数据库和地理数据库的关系，给整个安全生产信息系统提供所需要的信息资源和基础地理服务。对与地理环境有关的各类空间数据进行采集、输入、编辑、存储、管理、分析、处理与显示等。

（2）提供专业的应用。通过对业务流程和业务对象进行地理建模，将整个操作流程用地理信息可视化技术直观地展示给用户，实现快速准确的决策。

（3）与现有 MIS 系统结合，在传统 MIS 系统的业务功能和流程的操作中加入基于地理信息的可视化的信息展示和分析能力，以提高业务系统的信息表达效果和分析能力。例如，对安全生产事故的原始数据及其各种统计分析数据进行基于专网的远程信息发布；为事故报警和处理提供及时准确的远距离应急预案信息，为事故后的分析提供多种必要的数据资料等。

（4）预警处置。在出现预警情况下，监测人员需进行相应的处置，并记录处置的过程和最后处置的结果。

（5）用户管理。提供专业管理平台。实现策略可定制的用户管理、权限管理、设备管理、简易设备配置功能。为前期系统搭建、后期维护提供强有力的支持。

地理信息管理主要功能包括如下。

（1）地图操作。包括范围设定、地图缓存、放大、缩小、平移等功能。

（2）地图配置。包括地图颜色配置、符号配置、线型配置、背景配置、图层配置等。

（3）地图查询。支持列表选取、音头查询、直接点取、任意区域空间查询等方式；具有图形和数据的双向查询、模糊查询、定位和统计功能。

（4）专题图制作与输出。从不同角度提供了空间数据的专题图表示方式，包括灰度图、直方图、饼图、立体图等多种形式的专题图显示和打印输出功能，同时支持实时显示信息动态创建，便于用户实时信息变更与扩充。

（5）其他功能。包括标尺功能、地图标注、地图保存、地图计算、地图打印、屏幕地图打印、影像图叠加显示等。

2. 环境参数监测功能

1）监测参数显示预警

可以在图上实时展现各个位移点的实时监测数据，可以以曲线、表格等形式显示历史监测数据，通过模拟分析确定各个位移监测点的预警数值，并以声光等形式对监测数据进行智能预警。

2）监测参数设置

根据各种规程，设置监测预警等各种参数。

3. 视频监测

1）多种数字前端接入

支持通过千兆以太网接口接入各种类型的 IP Camera、DVR、DVS 等设备。最多可同时并发接入 64 路 D1 图像质量的数字编码设备。并支持通过内置和外接硬件视频解码器方式实现视频向电视墙的输出显示。

2）多画面实时视频功能

可支持设备的本机客户端和外接 PC 的专业客户端。本机客户端可支持设备管理配置、实时监控和录像回放等基本功能。专业外接客户端可支持更多增强功能,支持 1、4、8、9、10、13、15、16、25、36、49、64 等多画面的同时实时监控显示及单屏、双屏、三屏的实时监控、历史录像、电子地图等多种业务界面的专业多屏幕监控显示输出。实时监控视频既可显示在 PC 客户端,也可通过硬件解码器显示在电视墙,以及通过手机等移动终端监控。

3）历史图像检索和录像备份

支持客户端用户按摄像机、时间、事件进行录像查询检索,检索后可立即进行录像回放,并支持将录像备份到光盘等其他存储介质。

4）录像内容智能检索

系统具有可选的录像内容智能检索功能模块,可对系统已经存在的录像进行视频内容的检索分析。录像内容智能检索功能可检索历史录像的关键特征目标(如人、车等)、关键特征活动(如出现、消失、移动、聚集)等类型,可供录像查询快速定位使用。

5）远程控制功能

用户选择可支持云台操作的摄像机后,可在系统任何一个登录的有权限的客户端对远程摄像机进行各项云台操作控制。远程控制支持三种模式:PC 键盘控制、专业键盘控制和独创的鼠标云台功能。鼠标云台功能可在视频画面播放时直接点击对应位置,即可实现云台的控制功能,是较直观的云台操作控制方式。

6）全视频监控业务

全视频监控业务提供实时监控、录像点播、本地存储、云镜控制、GIS 地图服务及数字子矩阵功能。

13.5　监控调度指挥中心运行管理

监控调度指挥中心作为二矿区一个独立的部门,人员的配备情况如图 13.3 所示。

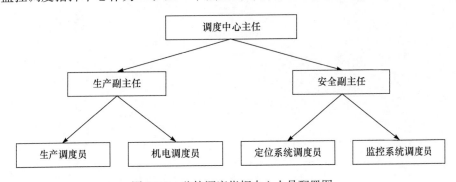

图 13.3　监控调度指挥中心人员配置图

二矿区监控调度指挥中心设调度中心主任 1 名,总体负责监控调度指挥中心的各项事务,可由生产副矿长或机电副矿长兼任;副主任 2 名,分别为生产副主任及安全副主任。

生产副主任主要负责对井下生产作业所涉及的事务,如井下采掘工作面人员和各种生产设备的调配组织及运行管理,根据调度中心的视频监控和机电设备信号等相关数据提出合理方案,并向调度中心主任汇报。同时生产副主任还负责监控调度指挥中心设备的维护管理等事务。下设6名调度员,分别为3名生产调度员和3名机电调度员。

安全副主任主要负责井下人员定位系统、环境监测系统的管理,并根据井下各个安全监控子系统的数据作出合理决策,提出通风系统优化方案及采空区防治方案、紧急情况下人员疏散和应急救援方案,并向调度中心主任汇报。下设6名调度员,分别为3名定位系统调度员及3名监控系统调度员。前者主要负责人员定位系统监控,正常生产情况下,主要与生产调度员协调井下作业人员监控及组织,紧急情况下需要根据井下人员定位系统数据初步提出救援方案,并向安全副主任汇报;后者主要负责对有毒有害气体监测数据、通风系统监测数据及地压监测数据进行监控和分析,并对异常数据出现的原因作出记录,对是否可能发生事故作出初步判断并向安全副主任汇报。

生产和机电调度员可从生产一线抽调或兼职,要求熟悉井下生产、运输等环节工作特点,并具有较长时间的工作经验,学历应为大专及以上。定位系统和监控系统调度员应熟悉井下作业特点,同时对计算机和通信较为了解,学历应为大学本科及以上。

二矿区监控调度指挥中心应24h运行,各班的调度员应做好交接班记录工作,上一班调度员应对其当班期间出现的问题向下班调度员进行交底,并将自己处理的措施或者建议向下班调度员进行阐述,同时形成文字记录。

监控调度指挥中心的维护及管理由调度员轮班执行,对于设备运行中出现的故障问题一般应由当班调度员进行处理,如果处理不了,则做好记录工作,由下班调度员进行处理,处理过程记录在案,并定期向生产副主任汇报。

第14章 金川矿区数字化矿山发展展望

目前,矿山企业已经逐步进入数字化建设高峰期,金川集团公司应用 ERP、矿山三维可视化系统、矿区生产智能化系统等先进技术来提高管理水平、降低生产成本等,成为企业创造效益的必要手段,这不仅打破了传统的生产工艺和管理模式,而且极大地提高了矿山企业的生产效率和安全水平,并不断为企业带来直接或间接效益。

通过建设数字化矿山,实现采矿生产数字化、自动化,经营管理信息化、科学化,使采矿生产、经营管理工作规范化、系统化、标准化,可持续开采矿产资源,降低成本,提高安全生产管理的可视化水平,及时掌握生产经营与管理动态,根据金属市场价格和生产条件实时合理调整生产计划,把握销售时机,实现利润最大化。同时,随着开采深度增加,矿山开采条件越来越恶劣,金属含量高的矿石也越来越少,对采矿安全环境的要求也越来越严格,通过数字化矿山建设提升矿山安全管理水平,提高矿山综合利用水平,降低安全事故,是建设和谐矿山的必由之路。矿山安全生产需要科技支撑与技术创新,只有建设数字化矿山,通过数字化采选冶、虚拟现实和仿真、远程无人值守的信息系统,实现矿山自动化采矿,才是建设绿色矿山的必由之路。

14.1 数字化矿山建设方向

数字化矿山建设是一个长期的过程,与连续型制造企业、商业企业和政府机关等不同,不能指望一次建设终身受用,要尊重矿山企业开采对象不确定、生产过程不连续的特点,在整体规划的基础上,分步实施,集中力量实现重点突破,从企业急需、容易推行的子系统做起,不贪大求全。以下几个方面矿山企业要优先重点建设。

14.1.1 数字化矿山建设发展战略方面

金川矿区经过多年的发展,在管理上具有丰富的经验,公司基础技术扎实,特别是在提升系统监控、膏体充填系统自动制备等矿山信息化应用上处于行业前列。面对新的发展机遇和挑战,公司在新的矿山数字化潮流中,必须采取统一规划、分步实施、重点突破的发展策略。公司已基本具备矿山数据库建立、数字化成图和三维可视化设计的条件。进一步发展互联网技术,使网络条件下的数据传输、共享与网上协作也成为可能。目前公司急需由专门的职能部门负责整合公司的信息资源,高起点地制定矿山数字化发展规划,统一协调各方面的技术资源,加快公司信息化发展进程。

14.1.2 数字化矿山基础设施建设方面

在建立数字化矿山过程中首先要搞好基础设施建设,包括网络建设和基础空间数据的生产,这两项工作可以齐头并进,因为基础空间数据的生产过程是一个既费钱又费时的过程。首先下大力气在现有基础上尽快完成公司矿山各种空间数据的生产,并建立数据更新机制,保持数据的现时性和权威性,实现公司矿山资源的数字化。其次逐步建立数字化矿山的功能系统,特别是优先进行数字开采系统的建设,以解决现阶段生产过程中的技术难题,提高技术工作效率。在此基础上进行公司数字化矿山的综合建设。

14.1.3　数字化矿山理论研究方面

数字化矿山理论研究主要包括快速市场响应机制下的动态资源储量估算与经济评价系统开发,金川矿山开采智能优化与快速评价系统开发,金川矿山生产过程模拟系统开发,金川矿山安全生产智能化监控和灾害预警系统开发及矿山生产过程设备设施自动化集中控制和生产智能化技术开发。

实施信息化建设,打造数字化矿山是改变金川矿山企业现状,带动企业各项工作创新和升级的必然选择和重要突破口,是企业实现可持续发展的必由之路。金川矿山通过这些年的数字化矿山建设取得了一些重要的成果,在向数字化矿山的研究进程中迈出了坚实的一步,提升了企业的技术水平和参与国际竞争的能力,同时也将为我国数字化矿山发展与矿山技术进步作出积极贡献。

14.1.4　矿产资源管理信息化方面

从某种意义上讲,矿山企业重视矿产资源就像制造类企业重视研发一样,因为资源保障是矿山企业赖以生存的基础。矿山企业的资源管理信息系统,既要能够翔实记载所在矿带、矿田、矿体、矿脉的勘探和开采的全部信息,还要能够从中分析揭示出资源成矿的规律性;既要集成主要矿种的各类信息,也要集成重要的可综合利用矿种的相关信息;既要集成地质资源的信息,也要集成地质灾害的信息;既要做好本矿山的资源信息集成和分析,也要做好国内外同类矿山的信息收集和比较;既要集成自然资源的信息,还要集成各种勘探开采方法及其应用效果方面的信息。

14.1.5　矿山地、测、采专业的信息化方面

地质、采矿、测量是矿山的主体专业,它们是直接为矿山生产服务的,是矿山的核心技术,这部分工作技术含量大,实施难度也大,对人才的要求也高,他们既要懂专业知识,又要精通计算机技术,一般需要对相关工程专业人才的培训,当然一旦获得成功,取得的经济效益也是巨大的。

14.1.6　矿山安全管理信息化方面

矿山安全是矿山企业的生命线。事实证明,真正不可避免的事故是很少的。95%以上的事故可以通过加强管理来消除。防范事故,关键在于建立科学合理的规章制度,并把它规范地落到实处,不因人而异、因时而异。而规范化正好是信息化管理的最大优势。借助于计算机系统的客观性、强大的知识集成能力和数据处理能力,矿山企业的安全管理可以做到更全面、更深入、更客观、更科学、更持之以恒。

14.1.7 矿山管理信息化方面

1. 建立金川矿区生产执行系统

MES(manufacturing execution system)是面向车间层的生产管理技术与实时信息系统。MES可以为用户提供一个快速反应、有弹性、精细化的制造业环境,帮助企业降低成本、按期交货、提高产品和服务质量。MES关键是使计划与生产密切配合,企业和车间管理人员可以在最短的时间内掌握生产现场的变化,作出准确的判断和快速的应对措施,保证生产计划得到合理而快速的修正,为企业生产管理人员进行过程监控与管理、保证生产正常运行、控制产品质量和生产成本提供了灵活有力的工具。

2. 进一步完善矿山ERP系统

矿山的采购品种和采购数量基本固定,绝大多数采购品是买方市场上的大路货,重要物质要求有足量的安全库存。由于远离市场,多数矿山都采取在主要城市设立采购站来进行采购工作。但有限的采购站不能有效分享各地市场分别拥有不同的物美价廉的产品的好处。因此,不少矿山都有一支人数不少的采购队伍。库存占用、采购人员和采购站费用,加上长途运费和损耗,再考虑到采购队伍中一定程度的内部控制现象,通常会使矿山领料的价格比市场价格高出很多。在没有采购管理信息化手段时,各地的矿山企业想了很多办法来降低采购成本,但收效都不大或不能巩固。而实际上,在信息化社会的买方市场条件下,矿山企业这种大批量长期稳定的采购是最受卖家欢迎的。矿山企业要充分意识到这种买方的权力,通过实施采购管理信息化,充分地占有市场信息,有效地降低采购成本。在这方面,反拍卖采购法的推广应用将是各个矿山可以使用的一个最简单有效的采购管理信息化的切入口。

销售管理信息化非常重要,尽管矿山企业的产品多为定点直销,但其产品的价格却要受国内外期货市场和现货市场价格波动的影响。这使得矿产品价格起伏变化的幅度要远大于其他工业品。因此,矿山企业一定要通过销售管理信息系统及时掌握这些市场上的价格行情,迎峰避谷,套期保值,争取价格最优化。在矿产品销售管理信息系统中,要用价格变动曲线来发现价格变动的周期性,发掘出社会经济生活中特别是上下游行业中与本矿产品价格变动相关的先行指数、一致指数和滞后指数,通过预警分析有效制定本企业的价格政策。要通过销售管理信息系统广泛收集国内外同类矿产品的定价方式和调价方法,从中选出最适合本企业的定价调价方法。让矿产品价格的定价基准产生于科学的方法和过程中,是矿山企业销售管理信息化的长期任务。

矿山财务管理信息化。矿山作业流程稳定,计划性强,有利于推行全面预算管理。矿山企业远离城市,通常又要分区作业,形成多个成本中心,需要推行集中结算以降低资金费用。矿山的选矿作业是其成本的咽喉,需要强大的在线控制能力,要求实现动态分析、动态核算。现代的企业管理以财务管理为核心,矿山企业也不例外。因此,在矿山企业,应该大力推广以全面预算、集中结算和动态核算为轴心的企业财务管理信息化,并把它作为整个矿山企业管理信息化的重中之重。

3. 进一步完善矿山办公自动化系统

OA 产品现在已很成熟,由于操作简单,大都与文档处理相关,能在短期内收到很好的效果。

14.1.8 生产过程自动化方面

生产过程自动化的建设重点包括矿山数字化过程中的生产过程自动化系统、生产管理安全防范系统和办公信息管理系统。国家在"十一五"发展纲要中强调"以信息化改造制造业,推进生产设备数字化、生产过程智能化和企业管理信息化,促进制造业研发设计、生产制造、物流库存和市场营销变革"。对于矿山数字化就是要在采矿和选矿生产过程中提高生产设备自动化程度,设置必要的检测元件,通过中央控制系统,全面掌握生产过程中工艺参数指标,重要的工艺参数组成闭环控制系统,使其满足生产工艺要求,对提高产品的回收率、减轻工人劳动强度、节省人力和资源起到重要作用。改进生产现场的监控系统,完善企业管理、生产管理安全防范系统。建立大冶公司办公信息管理系统,实现资源共享,提高办公效率,做到无纸办公,为推动本企业的数字化工作作出贡献。

1. 配电系统自动化

对总降压站、井下中央变电所高压供配电系统进行综合自动化改造(遥信、遥测、遥控及保护),通过综合自动化系统把高压供配电系统与以太网交换机连接,把高压供配电系统相关信息传输到生产调度指挥中心。调度控制人员可以在调度室对高压供配电系统进行远程监视和控制,实现供电系统无人值守、自动监控的目的。

2. 远程遥控与自动化采矿

远程控制使得地下金属矿山大型无支护采场的开采成为可能(图 14.1)。辅助以远程视频监控,所有的开采和生产操作都可以通过地表的控制中心来执行,包括测量、开拓、

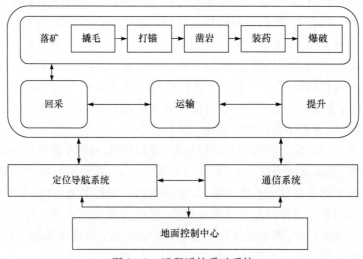

图 14.1 远程遥控采矿系统

爆破和铲运机装卸等。从而较大程度地提高生产率,降低成本。采矿机械的自动化对于设计、生产和经济效益有重要影响。机械上安装车载的监测、控制和追踪系统,并连接到通信网络。计算机控制端根据响应传感器采集到的信息操纵机械运行。远程控制和自动化减少了系统内人员的数量,同时缩短换班时间、休息时间,减轻工人劳动强度,提高设备的利用率。

14.2　数字化矿山研究与发展途径

矿山信息化、数字化、智能化技术是实现矿山产业升级和绿色矿山的有效手段和必然选择。随着计算机技术、网络技术和自动化技术的发展,矿业信息化应向综合化、智能化和多功能化方向发展。从金川矿业实际情况出发,需要把以信息技术为核心的数字化矿山建设作为矿山企业信息化的目标和方向。

14.2.1　加大矿山企业数字化矿山建设的试点和推广

针对当前金川矿业信息化的突出瓶颈,促进数字化矿山建设的可协调和可持续发展,要着重加大矿山企业数字化矿山建设的试点和推广,实现精细化管理;要加强统筹规划,逐步实现企业内各职能、各环节、各系统之间的信息流互联互通,有效解决“信息孤岛”问题。

14.2.2　加快数字化矿山技术研发

在目前金川数字化矿山建设的基础上,金川集团公司会继续加强数字化矿山关键技术的自主研发,掌握信息化核心技术开发的自主知识产权,维护好金川数字化矿山应用平台及相关系统。同时,通过积极开发金川矿山专用软件与模型,改进井下多媒体通信与无线传输技术,加大高精度地下定位和定向系统等智能采矿技术研发力度,提高虚拟现实与可视化技术,最终实现远程遥控和设备的自动控制,实现井下无人化作业。

14.2.3　产学联合,加大信息化人才储备

金川集团公司将进一步与各高校、科研院所、专业软件厂商联合开展数字化矿山建设研究工作,加大行业专用软件的研发力度;在矿山行业内部加快培养和引进信息技术专业人才。

14.3　数字化矿山效果分析

由于信息化项目的实施并非固定资产投资和重大工程建设项目,不能直接进行投资利润率、净现值、投资回收期、借款偿还期等经济效益评价指标的分析,但其带来的更多是无形的、间接的、长期的效益,因此不能直接以投入产出衡量其价值,而应从技术、财务、时间、资源等方面对能否满足信息化项目的效益目标进行分析,因此,信息化为企业带来的实际效果需要一个长期运行、建设的过程。现从宏观角度分析、评价信息化建设为矿山企

业所带来的效益。

14.3.1 系统运行集成化

系统运行集成化是信息化应用在技术解决方案方面最基本的表现。ERP 系统对企业物流、资金流、信息流进行了一体化管理和集中管控,其核心管理思想就是实现了对"供应链"的跟踪和管理,系统应用跨越了多个部门甚至多个公司级企业,业务实现也达到了预期设定的应用目标,建立起完善的企业决策数据分析体系和信息共享机制,完全打破了传统信息系统"信息孤岛"的现象,数据集成化、透明化、高效化得到了充分体现。

(1)提升管理水平。加强了采购各环节的管理,有效地控制了采购量、库存量等,由厂矿多级管理变为总部一级集中管理模式,库存量和库存资金占用减少较多。

(2)控制产品生产成本,缩短产品生产周期。

(3)提高产品质量和合格率;减少坏账、呆账金额等。

(4)一级到五级系统的全面贯通。分步式控制、过程控制、生产制造执行、项目建设及采购供应、商务智能分析、供应链管理等一系列的信息化系统,有效地将计量、质检、监测系统、执行系统、ERP 系统、智能系统等进行全面集成,实现了设备、车间班组、厂矿、公司、集团数据的全程共享,在系统中具有透明性和可追溯性,并且全面反映了企业生产经营的实际状况,为企业进行问题分析、决策支持提供了良好的平台。

(5)搭建安全高效的网络体系。通过信息化建设项目对原有老的信息化设备进行升级,并将所有信息化设备进行集中管理,对周围环境如温度、湿度、噪声等及设备运行情况进行实时监控,理想状态下可实现无人值守,为企业信息交互打造坚实的网络防火墙,无人监控。

14.3.2 业务流程合理化

业务流程合理化是信息化应用在改善管理效率方面的表现。信息化的成功应用总会带来企业业务流程重组及优化的实施,典型矿山企业业务涉及采购、销售、生产、财务、项目建设、人力资源、纪检监察等。因此,信息化建设极大程度地提高了业务执行力,也意味着矿山企业的业务处理流程趋于标准化。

14.3.3 绩效监控动态化

充分利用历史信息数据对企业各级业务部门进行管理和监控,配套相关动态监控管理绩效变化报表体系,作为绩效考核的重要依据,以及时反馈和纠正管理中存在的问题,例如,采购计划平衡表显示计划中物料的采购数量、现有库存、在途库存、消耗量、是否为急件等,有效地监督和控制了计划提报的合理性、准确性,避免了重复提报、多报、漏报的情况;物料收发存报表统计一段时期以来各单位期初库存、期末库存、库存增量、增量较大物资、库存周转率、过账差异等,决策管理层可以随时动态地掌握各级的执行情况,以进一步提高管控力度。

14.3.4　库存管理高效化

这是信息化应用在精细化管理方面的表现。为进一步实现物资管理水平的提高,在最大限度满足生产需求的前提下,减少库存量和库存资金占用,大多数矿山企业加强信息化系统在库存管理功能方面的使用和推广,严格制定和落实各种措施,如建立优质供应商、零库存协议等,并不断探索创新管理的新途径,向高效益、高产出迈进。

14.3.5　管理改善持续化

随着信息化建设工作的不断推进,企业业务流程也逐步趋于合理化。为了进一步使矿山企业管理水平得到创新和跨越式发展,可以依据信息化系统中先进的管理理念和成型的业务流程,对现有业务进行综合分析和评价,不断挖掘信息化系统中潜在、高效的执行理念,来规范弥补自身存在的不足,尽量使职工的被动意识转变为管理执行的主动意识,这个过程不是死搬硬套,而是去其糟粕取其精华的过程,为企业建立一个今后可以不断进行自我评价和管理、不断改善、持续化发展的机制才是真正目的。

参 考 文 献

毕思文,殷作如,何晓群. 2004. 数字矿山的概念、框架、内涵及应用示范[J]. 科技导报,(6):39-41.

陈述彭. 1999. 数字地球百问[M]. 北京:科学出版社.

范玉顺,吴澄. 2007. 集成化企业建模系统体系结构与实施方法研究[J]. 控制与决策,15(4):401-405.

冯夏庭,刁心宏,王泳嘉. 1999. 21世纪的采矿——智能矿山[A]//第六届全国采矿会议,北京:77-79.

胡金星,吴立新,杨可明,等. 1999. 三维地学模拟体视化技术的应用研究[J]. 煤炭学报,24(4):345-348.

胡晋山,何宗宜,康建荣. 2007. 数字矿山的数据组织及其不确定性分析[J]. 测绘科学,32(3):139-141.

姜雪,赵文吉,董双发. 2007. 3DGIS在数字矿山中的应用[J]. 地理空间信息,5(2):63-65.

罗周全,刘晓明,刘望平. 2005. 数字矿山的技术基础[J]. 中国钨业,20(6):8-11.

潘东,等. 2006. 基于SURPAC的矿山三维地质模型开发[J]. 采矿技术,6(3):499-501.

秦德先,陈爱兵,燕永锋,等. 2005. 矿山数字化信息系统及其应用研究[J]. 中国工程科学,7(4):47-53,63.

邵安林. 2004. 矿山反演系统的总体框架[J]. 中国矿业,13(2):52-53.

邵安林,陈晓青,张国建. 2003. 矿山反演技术的发展与展望[J]. 中国矿业,12(11):28-30.

盛昭瀚,张传芹,赵佳宝. 2003. 基于工作流的企业业务过程集成建模方法[J]. 管理科学学报,6(2):35-40.

孙豁然,徐帅. 2007. 论数字矿山[J]. 金属矿山,(2):1-5.

汪云甲. 2001. 矿产资源开发利用的研究现状及其认识[J]. 中国矿业,10(4):4-26.

王青,吴惠城,牛京考. 2004. 数字矿山的功能内涵及系统构成[J]. 中国矿业,13(1):7-10.

王卫星,崔冰,赵芳. 2005. 金属矿山数字化[J]. 金属矿山,(11):1-4.

吴澄. 2002. 现代集成制造系统导论——概念、方法、技术和应用[M]. 北京:清华大学出版社.

吴立新. 2000. 数字地球、数字中国与数字矿区[J]. 矿山测量,(1):6-9.

吴立新,刘纯波,牛本宣,等. 1998. 试论发展我国矿业地理信息系统的若干问题[J]. 矿山测量,(4):48-51.

吴立新,殷作如,邓智毅,等. 2000. 论21世纪的矿山——数字矿山[J]. 煤炭学报,25(4):337-342.

吴立新,殷作如,钟亚平. 2003. 再论数字矿山:特征、框架与关键技术[J]. 煤炭学报,28(1):1-7.

肖海军. 2003. 梅山铁矿采矿管理信息系统建设——数字矿山建设初探[D]. 沈阳:东北大学硕士学位论文.

于润沧. 2009. 采矿工程师手册[M]. 北京:冶金工业出版社.

张佳荣. 2005. 孝义铝矿构建数字矿山的探讨[J]. 采矿技术,5(3):26-27.

张锦. 2004. 数字矿山信息资源规划[J]. 科技导报,(7):35-36.

张瑞新,梅晓仁,胡彪,等. 2004. 数字矿山关键技术与实施对策[J]. 东北大学学报(自然科学版),25(z1):17-20.

左仁广. 2005. 浅析数字矿山的几个核心技术[J]. 中国矿山工程,34(2):31-34.

Hu J X,Wu L X,Ying Z R,et al. 1999. Study on digital mine and related key technologies[A]// Towards Digital Earth:Proceedings of the International Symposium on Digital Earth. Beijing:Science Press:421-426.

Kelly M. 1999. Developing coal mining technology for the 21st century[A]// Proceedings of Mining Science and Technology. Rotterdam:A. A. Balkema:3-7.

Wu L X,Liu C B,Chen G R,et al. 1999. The research and development of networked mining core-GIS

[A]// Proceedings of the 2nd International Workshop on Dynamic and Multi-Dimensional GIS. Beijing: Science Press:359-364.

Wu L X,Yang K M,Qi A W,et al. 1999. Information classification & management for MGIS and digital mine[A]// Towards Digital Earth:Proceedings of the First International Symposium on Digital Earth. Beijing:Science Press:999-1004.

Xu G H. 1999. Building the digital earth, promoting China and global sustainable development[A]// Towards Digital Earth:Proceedings of the First International Symposium on Digital Earth. Beijing:Science Press:6-10.